“一带一路”生态环境遥感监测丛书

“一带一路”蒙俄区生态环境遥感监测

徐新良　李　静　王　勇　蔡红艳　著

科学出版社

北　京

内 容 简 介

本书利用遥感技术手段在获取宏观、动态的蒙古和俄罗斯区域多要素地表信息的基础上，开展生态环境遥感监测评价，系统总结蒙古和俄罗斯的生态资源分布与生态环境限制、重要节点城市与港口、典型经济合作走廊和交通运输通道。相关成果不仅可为科学认知蒙俄区生态环境本底状况，发现其时空变化特点和规律，提供数据基础；还将为“一带一路”倡议实施过程中“中蒙俄经济走廊”建设提供生态环境影响及可能存在的生态环境风险等方面的决策依据。

本书可供国土资源和生态环境保护机构及从事资源、环境、生态、遥感与地理信息系统等领域的科研部门、大专院校相关专业师生借鉴和参考。

审图号：GS(2018)745 号

图书在版编目（CIP）数据

“一带一路”蒙俄区生态环境遥感监测 / 徐新良等著．— 北京：科学出版社，2018.7

（“一带一路”生态环境遥感监测丛书）

ISBN 978-7-03-051279-6

Ⅰ．①一…　Ⅱ．①徐…　Ⅲ．①区域生态环境－环境遥感－环境监测－东北亚　Ⅳ．① X87

中国版本图书馆 CIP 数据核字 (2016) 第 320066 号

责任编辑：朱海燕　彭胜潮　籍利平 / 责任校对：何艳萍

责任印制：徐晓晨 / 封面设计：图阅社

科 学 出 版 社 出版

北京东黄城根北街 16 号

邮政编码：100717

http://www.sciencep.com

北京虎彩文化传播有限公司 印刷

科学出版社发行　各地新华书店经销

*

2018 年 7 月第　一　版　开本：787 × 1092　1/16

2019 年 1 月第二次印刷　印张：7 3/4

字数：158 000

定价：99.00 元

（如有印装质量问题，我社负责调换）

本书出版由下列项目资助

- 高分辨率对地观测重大专项（民用部分）“区域规划、贫困地区公共服务及县域发展空间布局监测评估子系统及应用示范（00-Y30B15-9001-14/16）”
- 资源与环境信息系统国家重点实验室自主创新项目“星－空－地多源碳排放监测数据融合同化和系统集成研究 (088RA90BYA)”
- 中国科学院重点部署项目“三门峡水库区域环境演变与盐碱化调控（KJZD-EW-TZ-G10）”

本书编写委员会

主　　笔　徐新良

副 主 笔　李　静　王　勇　蔡红艳

制　　图　王世宽

执笔人员　王　靓　殷小菡　韩冬锐　黄欢欢　石　青

赵美艳　张亚庆　陈　斌　王首泰　刘　晓

丛书出版说明

2013年9月和10月，习近平主席在出访中亚和东南亚国家期间，先后提出了共建“丝绸之路经济带”和“21世纪海上丝绸之路”（简称“一带一路”）的重大倡议。2015年3月28日，国家发展和改革委员会、外交部和商务部联合发布《推动共建丝绸之路经济带和21世纪海上丝绸之路的愿景与行动》（简称“愿景与行动”），“一带一路”倡议开始全面推进和实施。

“一带一路”陆域和海域空间范围广阔，生态环境的区域差异大，时空变化特征明显。全面协调“一带一路”建设与生态环境保护之间的关系，实现相关区域的绿色发展，亟须利用遥感技术手段快速获取宏观、动态的“一带一路”区域多要素地表信息，开展生态环境遥感监测。通过获取“一带一路”区域生态环境背景信息，厘清生态脆弱区、环境质量退化区、重点生态保护区等，可为科学认知区域生态环境本底状况提供数据基础；同时，通过遥感技术快速获取“一带一路”陆域和海域生态环境要素动态变化，发现其生态环境时空变化特点和规律，可为科学评价“一带一路”建设的生态环境影响提供科技支撑；此外，重要廊道和节点城市高分辨率遥感信息的获取，还将为开展“一带一路”建设项目投资前期、中期、后期生态环境监测与评估，分析其生态环境特征、发展潜力及可能存在的生态环境风险提供重要保障。

在此背景下，国家遥感中心联合遥感科学国家重点实验室于2016年6月6日发布了《全球生态环境遥感监测2015年度报告》，首次针对“一带一路”开展生态环境遥感监测工作。年报秉承“一带一路”倡议提出的可持续发展和合作共赢理念，针对“一带一路”沿线国家和地区，利用长时间序列的国内外卫星遥感数据，系统生成了监测区域现势性较强的土地覆盖、植被生长状态、农情、海洋环境等生态环境遥感专题数据产品，对“一带一路”陆域和海域生态环境、典型经济合作走廊与交通运输通道、重要节点城市和港口开展了遥感综合分析，取得了一系列监测结果。因年度报告篇幅有限，特出版《“一带一路”生态环境遥感监测丛书》作为补充。

丛书基于“一带一路”国际合作框架，以及“一带一路”所穿越的主要区域的地理位置、自然地理环境、社会经济发展特征、与中国交流合作的密切程度、陆域和海域特点等，分为蒙俄区（蒙古和俄罗斯区）、东南亚区、南亚区、中亚区、西亚区、欧洲区、非洲东北部区、海域、海港城市共9个部分，覆盖100多个国家和地区，针对陆域7大区域、

6个经济走廊及26个重要节点城市的生态环境基本特征、土地利用程度、约束性因素等，以及12个海区、13个近海海域和25个港口城市的生态环境状况进行了系统分析。

丛书选取2002～2015年的FY、HY、HJ、GF和Landsat、Terra/Aqua等共11种卫星、16个传感器的多源、多时空尺度遥感数据，通过数据标准化处理和模型运算生成31种遥感产品，在“一带一路”沿线区域开展土地覆盖、植被生长状态与生物量、辐射收支与水热通量、农情、海岸线、海表温度和盐分、海水浑浊度、浮游植物生物量和初级生产力等要素的专题分析。在上述工作中，通过一系列关键技术协同攻关，实现了“一带一路”陆域和海域上的遥感全覆盖和长时间序列的监测，实现了国产卫星与国外卫星数据的综合应用与联合反演多种遥感产品；实现了遥感数据、地表参数产品与辅助分析决策的无缝链接，体现了我国遥感科学界在突破大尺度、长时序生态环境遥感监测关键技术方面取得的创新性成就。

丛书由来自中国科学院遥感与数字地球研究所、中国科学院地理科学与资源研究所、国家海洋局第二海洋研究所、中国林业科学研究院资源信息研究所、北京师范大学、清华大学、中国科学院烟台海岸带研究所、中国科学院新疆生态与地理研究所等8家单位的9个研究团队共50余位专家编写。丛书凝聚了国家高技术研究发展计划（863计划）等科技计划研发成果，构建了“一带一路”倡议启动期的区域生态环境基线，展示了这一热点领域的最新研究成果和技术突破。

丛书的出版有助于推动国际间相关领域信息的开放共享，使相关国家、机构和人员全面掌握“一带一路”生态环境现状和时空变化规律；有助于中国遥感事业为“一带一路”沿线各国不断提供生态环境监测服务，支持合作框架内有关国家开展生态环境遥感合作研究，共同促进这一区域的可持续发展。

中国作为地球观测组织(GEO)的创始国和联合主席国，通过GEO合作平台，有意愿和责任向世界开放共享其全球地球观测数据，并努力提供相关的信息产品和服务。丛书的出版将有助于GEO中国秘书处加强在“一带一路”生态环境遥感监测方面的工作，为各国政府、研究机构和国际组织研究环境问题和制定环境政策提供及时准确的科学信息，进而加深国际社会和广大公众对“一带一路”生态建设与环境保护的认识和理解。

李加洪　刘纪远

2016年11月30日

前　言

近代以来，人类对地球资源的消耗和环境的破坏，导致全球性生态环境问题日益突出。全球气候变暖、水资源匮乏、环境污染、生物多样性锐减、土地荒漠化等重大生态环境问题不断出现，不仅影响全球经济、社会的可持续发展，而且以越来越快的速度侵蚀着人类生存的基础。生态环境问题与区域自然地理背景、人类活动密切相关，呈现出区域性、长期性、共同性的特征。当今的环境问题不仅是国家内部事务，而且已跨越国界限制，渗透到整个区域甚至全球领域。随着区域生态环境问题规模和范围的扩大，监测和解决难度的增加，单一国家在资金、技术、人力等方面都难以应对区域环境问题，因此“国际合作”成为解决生态环境问题的必要途径。

2015 年国家发展和改革委员会、外交部和商务部联合发布《推动共建丝绸之路经济带和 21 世纪海上丝绸之路的愿景与行动》（简称“愿景与行动”），“一带一路”倡议开始全面推进和实施。“一带一路”倡议构想的提出，契合了沿线国家的共同需求，不仅为沿线国家优势互补、开放发展开启了新的机遇之窗，也为各国政府联合解决国际生态环境问题提供了新的机遇。

中国、蒙古和俄罗斯是欧亚大陆上三个面积最大的近邻，中国与蒙古国共享 4700 多千米边界，与俄罗斯边境线长达 4300 多千米，有着特殊的地缘和复杂的政治、历史关系。2016 年 6 月 23 日，中蒙俄三国有关部门在乌兹别克斯坦首都塔什干签署了《建设中蒙俄经济走廊规划纲要》，明确了中蒙俄经济走廊建设的具体内容、资金来源和实施机制，商定了 32 个重点合作项目，涵盖了基础设施互联互通、产业合作、口岸现代化改造、能源合作、海关及检验检疫、生态环保、科技教育、人文交流、农业合作及医疗卫生等十大重点领域。生态环保作为十大重点领域之一已引起各国政府的广泛关注。加强和深化生态环境领域的国际合作成为解决中蒙俄生态环境问题的内在要求。

蒙古和俄罗斯（以下简称“蒙俄区”）是一个资源相对集中、生态环境格局复杂、气候地带性多样、人地关系显著的区域。该区域内的自然资源、生态环境与人类活动等具有典型的梯度变化特点。这种典型的区域特征往往是“一带一路”倡议实施中研究、分析和解决区域生态环境问题的关键所在。卫星遥感作为从地面到空间对地表信息获取的综合性现代化技术，具有宏观性好、快速、动态等特点，是生态环境监测、管理的重要支撑手段之一。本书即是利用遥感技术手段在获取宏观、动态的蒙俄区多要素地表信息的基础上，开展生态环境遥感监测评价，相关成果不仅可为科学认知蒙俄区生态环境本底状况，发现其时空变化特点和规律，提供数据基础；还将为"一带一路"倡议实施过程中经济走廊沿线开发活动对生态环境影响及可能存在的生态环境风险等方面提供决策依据。

本书共分为4章，第1章生态环境特点与社会经济发展背景，系统归纳总结蒙古和俄罗斯在地理区位、地形地貌、气候、水文、植被等方面的自然地理特征和人口、民族、社会经济，以及城市发展等各个方面的基本特点；第2章主要生态资源分布与生态环境限制，系统归纳总结蒙古和俄罗斯的土地覆盖与土地利用程度、气温和降水等气候资源分布，以及农田、森林、草地等主要生态资源分布特点，以及一带一路开发活动的主要生态环境限制条件；第3章重要节点城市与港口分析，系统归纳总结了莫斯科、伊尔库茨克、乌兰巴托、布拉戈维申斯克（海兰泡）、哈巴罗夫斯克（伯力）、符拉迪沃斯托克（海参崴）等节点城市的典型生态环境特征和城市发展现状和潜力；第4章典型经济合作走廊和交通运输通道分析，在归纳总结中蒙俄经济走廊沿线地形、降水和蒸散、土地覆盖、土地利用程度、农田与农作物、森林、草地，以及城市建设与发展状况的基础上，分析走廊建设的主要生态环境限制条件和潜在影响。

由于本书涉及自然地理、人文、经济、社会的各个方面，加之作者水平有限，可能会有不妥之处，恳请读者批评指正。

本书由徐新良主笔，李静、王勇、蔡红艳副主笔，共同负责全书的设计、组织和审定。各章主要作者：第1章，李静（环境保护部卫星环境应用中心），王勇、王靓（中国科学院地理科学与资源研究所），石青、陈斌、王首泰（华中师范大学）；第2章，徐新良、蔡红艳、王靓、赵美艳、韩冬锐（中国科学院地理科学与资源研究所），殷小菡（山东师范大学），黄欢欢、陈斌（华中师范大学）；第3章，王勇、蔡红艳、王靓、张亚庆、韩冬锐（中国科学院地理科学与资源研究所），殷小菡（山东师范大学），刘晓（北京林业大学）；第4章，徐新良、蔡红艳、王靓（中国科学院地理科学与资源研究所），黄欢欢、石青、王首泰（华中师范大学）。

作　者

2016年9月

目　录

引　言

2013 年 9 月和 10 月，习近平主席在出访中亚和东南亚国家期间，先后提出了共建“丝绸之路经济带”和“21 世纪海上丝绸之路”（简称“一带一路”）的重大倡议。2015 年 3 月 28 日，国家发展和改革委员会、外交部和商务部联合发布《推动共建丝绸之路经济带和 21 世纪海上丝绸之路的愿景与行动》（简称“愿景与行动”），“一带一路”倡议开始全面推进和实施。

“一带一路”贯穿亚非欧大陆，东牵蓬勃发展的亚太经济圈，西连发达的欧洲经济圈，中间广大腹地国家经济发展潜力巨大。中国、蒙古和俄罗斯作为欧亚大陆上三个面积最大的国家，在“一带一路”倡议实施中占有举足轻重的地位。继 2014 年 9 月 11 日中蒙俄三国元首商定将中方“丝绸之路经济带”建设同俄罗斯的跨欧亚大铁路、蒙古国的“草原之路”倡议对接合作，打造“中蒙俄经济走廊”之后。2016 年 6 月 23 日，中蒙俄三国有关政府部门又在乌兹别克斯坦首都塔什干签署了《建设中蒙俄经济走廊规划纲要》，从而开启了中蒙俄“一带一路”建设的新篇章。

中蒙俄经济走廊途经区域范围广阔，自然环境复杂多样，既有世界最高的高原、山地，又有富饶的平原；既有肥沃的农田，又有极度干旱的荒漠、沙漠和异常寒冷的极地冰原。蒙古国在东、南、西三面与中国接壤，北面与俄罗斯为邻，处于“中蒙俄经济走廊”的中间地带。蒙古国具有天然的地理优势，地处世界上最大的自然资源拥有国与资本投资国之间，成为中俄贸易与通道的不可替代的桥梁。蒙古国资源丰富，是一个没有出海口的内陆国家。对蒙古国而言，多山地、土地荒漠化、沙化严重，生态环境脆弱，给“一带一路”开发建设增加了难度。对我国而言，俄罗斯横跨欧亚大陆桥，不仅是全球重要的能源供应国，同时也是具有巨大战略价值的过境运输国家。俄罗斯降水比较充足，以草地和森林为主，土地利用程度空间差异显著。俄罗斯的地势落差大，多高原和山地，加上高寒低温的气候，是俄罗斯“一带一路”建设的限制条件。

蒙古和俄罗斯（以下简称蒙俄区）空间范围广阔，生态系统复杂多样，生态环境要素异动频繁，全面协调中蒙俄经济走廊建设与生态环境可持续发展，亟须利用遥感技术手段快速获取宏观、动态的区域多要素地表信息，开展生态环境遥感监测。通过获取区域生态环境背景信息，厘清生态脆弱区、环境质量退化区、重点生态保护区等，可为科学认知蒙俄区生态环境本底状况提供数据基础；同时，通过遥感技术快速获取蒙俄区生态环境要素动态变化，发现其生态环境时空变化特点和规律，可为科学评价“一带一路”建设的生态环境影响提供科技支撑；此外，重要廊道和节点城市高分辨率遥感信息的获取，还将为开展中蒙俄经济走廊建设项目投资前期、中期、后期生态环境监测与评估，分析其生态环境特征、发展潜力及可能存在的生态环境风险提供重要保障。

根据“一带一路”所穿越的主要区域的地理位置、自然地理环境、社会经济发展特征，以及与中国交流合作的密切程度等，“一带一路”生态环境遥感监测丛书的监测区域覆盖100多个国家和地区，包括蒙古和俄罗斯区（蒙俄区）、东南亚区、南亚区、中亚区、西亚区、欧洲区、非洲东部和北部区（非洲东北部区）7个陆上区域，以及中国东部海域、南海、孟加拉湾、阿拉伯海、波斯湾、黑海和波罗的海等12个海域。本书主要针对蒙俄区开展生态环境遥感监测评价。通过对2000 ~ 2015年的风云卫星（FY）、海洋卫星（HY）、环境卫星（HJ）、高分卫星（GF）、陆地卫星（Landsat）和地球观测系统（EOS）Terra/Aqua 卫星等多源、多时空尺度遥感数据的标准化处理和模型运算，形成了土地覆盖、

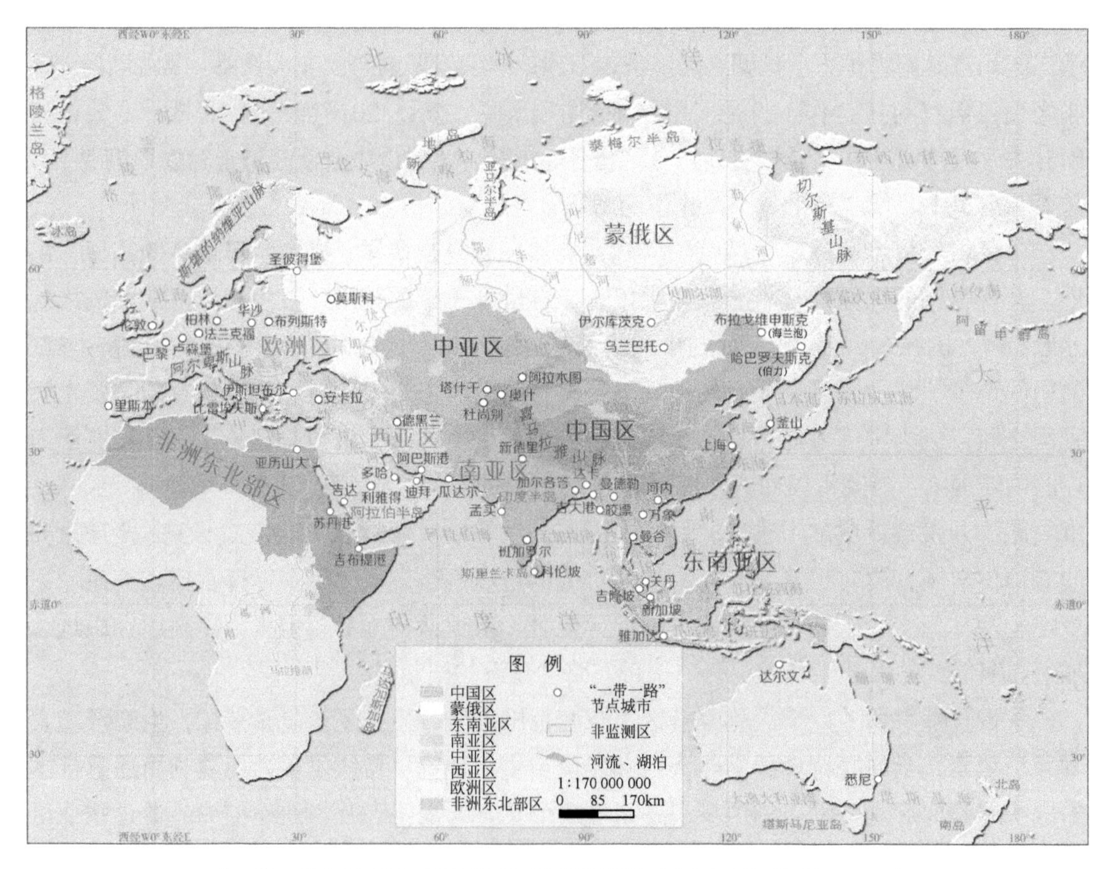

“一带一路”陆域生态环境遥感监测区域示意图（李加洪等，2016）

植被生长状态与生物量、辐射收支与水热通量和光合有效辐射、初级生产力等遥感监测产品。基于上述遥感监测产品，对蒙俄区生态环境、典型经济走廊与交通运输通道、重要节点城市和港口开展了遥感综合分析，形成了本书及相关数据产品集。相关成果一方面可以为中蒙俄经济走廊的建设提供数据支持、信息支撑与知识服务；另一方面遥感技术所生产的生态环境监测数据产品也将免费共享给相关国家，通过与沿线国家开展合作，共同促进区域可持续发展。

第 1 章　生态环境特点与社会经济发展背景

蒙古和俄罗斯（以下简称“蒙俄区”）是中国两个重要的邻国，蒙古是中蒙俄经济走廊合作的核心。维护东北亚地区安全和加强区域合作是中蒙俄经济走廊的主要内涵。中蒙俄经济走廊建设是将资源、能源、交通设施、经济贸易等方面融为一体，逐渐形成区域一体化的合作方式，是夯实三国互利共赢关系的关键。中蒙俄经济走廊在“一带一路”构想的大框架下，发展前景广阔（李勇慧，2015）。中国将蒙古和俄罗斯整体纳入推动共建“一带一路”的重点区域，可以有效地发掘“一带一路”建设的经济潜力，同时也能为加快东北老工业基地振兴创造更好的外部环境（吴昊和李征，2016）。

蒙古和俄罗斯是一个资源相对集中，生态环境格局复杂，气候地带性多样，人地关系显著的区域。该区海拔 50 ~ 4000m，主要由平原、丘陵、山地等组成。由于纬度跨度大，该区域内的自然资源、生态环境与人类活动等具有典型的梯度变化特点。在气候上有大陆性气候和海洋性气候，气温差较大，冬季 1 月平均温度 -37 ~ -25℃，夏季 7 月平均气温 11 ~ 30℃。该区降水量也有巨大差异，年降水量为 150 ~ 3500mm。每平方千米人数从小于 10 人到大于 1000 人；土地利用从集约化程度非常高到人类活动干预非常少等（庄大方等，2015）。

在全球变化的背景下，蒙俄区特征不仅对于研究全球变化在该区域的响应、自身的可持续发展等具有重要意义，而且对于中蒙俄经济走廊的建设也同样具有重要的影响。为此，借助现代化的 3S 技术手段，科学监测评价蒙俄区的生态环境现状，分析和预测生态环境演变在区域合作开发过程中的潜在影响和风险，将为“一带一路”倡议的顺利实施和中蒙俄社会经济的可持续发展提供决策依据。

1.1　区 位 特 征

蒙俄区作为东北亚的重要组成部分，在“一带一路”倡议实施过程中发挥着重要的作用。2014 年 9 月，中国政府提议建立“中蒙俄经济走廊”，即将俄罗斯的欧亚大陆桥、蒙古的“草原丝绸之路”同中国的“一带一路”连接起来，通过交通、货物运输和跨国电网的连接，打通三国经济合作的走廊，推动“一带一路”倡议的实现。“中蒙俄经济走廊”不仅能够“稳疆兴疆”、改善民生、调整国内经济结构、维护周边地区稳定，同时，对于推进“一带一路”倡议的落实、推动欧亚地区经济一体化具有重大作用。“一带一路”

建设并不仅仅是传统意义上的通道建设，而是旨在通过政策沟通、道路联通、贸易畅通、货币流通、民心相通的“互通互联”，构建起一个紧密联系、活跃共生的大经济区。一方面将实现与国内相关区域经济发展战略的对接，为沿线省份和地区带来新的发展机遇，缩小区域差距，推动区域经济协调发展；另一方面将促进亚太经济圈与欧洲经济圈的沟通，将亚欧大陆打造成潜力巨大的经济发展走廊（衣保中和张洁妍，2015）。

从地理区位看，俄罗斯位于欧洲东部和亚洲北部，其欧洲领土大部分是东欧平原，北邻北冰洋，东濒太平洋，西接大西洋，西北临波罗的海芬兰湾。俄罗斯资源丰富，拥有石油、天然气、煤炭、木材等自然资源，不仅是全球重要的能源供应国，同时也是具有巨大战略价值的过境运输国家。俄罗斯作为东部陆海丝绸之路的主要经过地在“一带一路”倡议中发挥着重要作用。东北亚是东部陆海丝绸之路的源头，如果没有东北亚，特别是中俄之间的区域一体化合作和发展，就没有东部陆海丝绸之路蓬勃发展的未来，而俄罗斯和中国是东北亚的两个大国，对构建东部陆海丝绸之路起着重要作用。俄罗斯作为“一带一路”倡议的积极参与者，“丝绸之路经济带”涉及的三条西部走廊与俄罗斯的跨欧亚发展带对接，覆盖了区域设施的现代化，以及交通网络、供电设施及通信网络的发展。其中，莫斯科、符拉迪沃斯托克（海参崴）、布拉戈维申斯克（海兰泡）、哈巴罗夫斯克（伯力）、扎鲁比诺港和伊尔库茨克是第一欧亚大陆桥俄罗斯段重要的节点城市。

蒙古国地处亚洲中部的蒙古高原，东、南、西三面与中国接壤，北面同俄罗斯的西伯利亚为邻，作为连接欧亚大陆桥最近的通道，其地理优势在“一带一路”倡议中发挥着不可取代的作用。蒙古是一个地广人稀的草原之国，有极其丰富的矿产、草地资源，具有很大的开发潜力。乌兰巴托、扎门乌德、苏赫巴托尔、乌兰乌德和乔巴山等是蒙古国草原丝绸之路经济带重要的节点城市。随着现代经济的发展，草原丝绸之路经济带的建设有利于充分发挥这些节点城市各自的特色，发展优势产业，也有利于经济带沿线地区加强交流与合作，大力开展贸易活动，实现共同发展（杨恕和王术森，2014）。蒙古国作为中国提出的“一带一路”倡议的积极响应者，已结合自身国情提出了“草原之路”倡议，计划总投资约 500 亿美元，发展连接中俄的 997km 高速公路、1100km 电气化铁路、拓展跨蒙古国铁路，以及天然气和石油管道等，希望通过运输贸易振兴本国经济。

1.2　自然地理特征

1.2.1　地形地貌

俄罗斯联邦是世界上领土面积最大的国家，位于欧亚大陆的北部，35°08′ ~ 81°49′N，领土略呈长方形，包括欧洲的东半部和亚洲的北部。俄罗斯境内地势东高西低，地形复杂多样，西南耸立着大高加索山脉，最高峰厄尔布鲁士山海拔 5642m。东部和东南部多高原和山地，海拔为 800 ~ 5469m，主要有南西伯利亚山地、东西伯利亚山地和远东山地；中部海拔为 200 ~ 800m，西部多为辽阔的平原，海拔为 0 ~ 200m，主要有东欧平原和西西伯利亚平原；北部沿海地区地势低平，海拔为 0 ~ 200m，以平原为主；另外俄罗斯西南部有一定区域海拔为 −155 ~ 0m，是伏尔加河在里海出口处形成的广阔的三角洲地区（图 1-1）。

蒙古国地处亚洲中部的蒙古高原，北与俄罗斯联邦接壤，东、西、南与中国交界，国土范围为 42° ~ 52°N、88° ~ 120°E，是一个地处亚洲的内陆国家，也是世界上第二大内陆国家。蒙古深居亚欧大陆腹地，属东亚区，国土总面积 156.65 万 km^2，在全世界排 18 位。蒙古国是一个高原山地国家，平原面积较少，全国平均海拔 1580m，地势西高东低，北林南漠，海拔最高点为乃拉姆达勒峰，海拔为 4653m。蒙古主要山脉有西北东南走向的阿尔泰山，平均海拔 3000m，位于蒙古国西部，是蒙古最大的火山区，延伸 1500km 的山脉分为蒙古阿尔泰、戈壁阿尔泰两部分。西北东南走向的杭爱山，平均海拔 3000m，位于蒙古国中部。另外，蒙古国东部的肯特山脉呈东北西南走向，山势平缓，平均海拔 2000m，被蒙古人尊为圣山（图 1-1）。

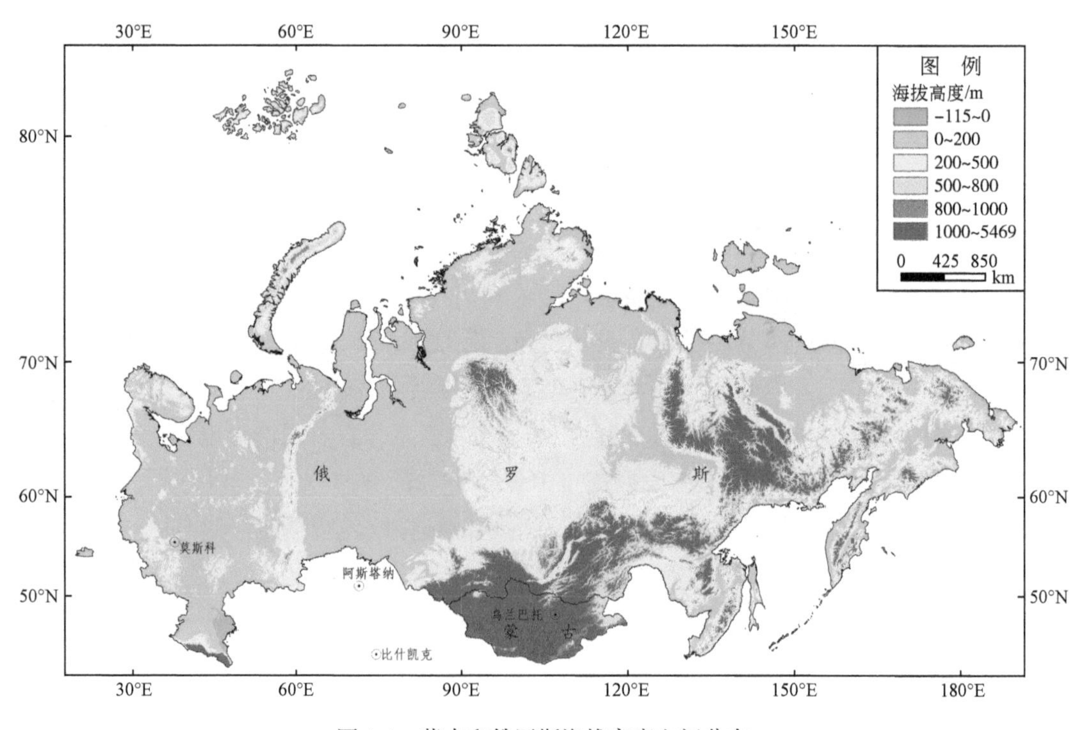

图 1-1 蒙古和俄罗斯海拔高度空间分布

1.2.2　气候

俄罗斯幅员辽阔，国土跨寒带、亚寒带和温带三个气候带，气候复杂多样。总的来说气候基本上属于北半球寒带、亚寒带、温带的大陆性气候，依其大陆性程度不同，以叶尼塞河为界分为两部分，西部属于温和的大陆性气候，气候相对温和，冬季漫长，夏季日照时间长，气温和湿度适宜；西伯利亚属强烈的大陆性气候，冬冷夏热，年温差大，降水集中，四季分明，年降水量较少；西北部沿海地区具有海洋性气候特征，受盛行西风的影响，冬暖夏凉，年温差小，气温年变化与日变化小，降水量的季节分配比较均匀，冬季降水较多，多云雾天气，湿度大；而远东太平洋沿岸则具有季风性气候的特点，冬季上年 10 月至次年 5 月，由于受冬季季风的影响，气候干燥而寒冷，气温在零下 23 ～ 35℃，夏季炎热多雨，7 月最高温度为 30 ～ 32℃。总之，俄罗斯冬季漫长寒冷，夏季短促、温暖，春秋两季很短。

从气候类型空间分布图来看（图 1-2）（Peel et al.， 2007），俄罗斯南部和西南部地区属于温带草原气候，气温寒冷且常年少雨；西南部靠近哈萨克斯坦部分地区分别为夏季炎热型和温暖型常湿冷温气候，全年降水分布比较均匀；南部地区属于夏季温暖型大陆气候，夏季雨水较多，而冬季干冷；整个俄罗斯中部大部分地区为温带季风型气候，受强季风影响，冬季较干旱，其中，位于中部偏东的西伯利亚地区大陆性气候显著；俄罗斯北部和东北部，即西伯利亚北部地区属于极地苔原气候，常受冰洋气团和极地大陆气团影响，终年严寒。最热月降水少，蒸发弱，云量较高；最北端是冰原及高原气候，最热月气温在 0℃以下，气流下沉，降水量稀少，年降水量约 100mm，都是以雪的形式降落，终年积雪，风速常常在 25m/s 以上，最大风速超过 100m/s，多凛冽风暴，并有极昼、极夜现象。

蒙古国大部分地区属于大陆性温带草原气候，温差大，降水少，气候干燥，四季分明。春季干燥多风，夏季温暖，气温很高，秋季凉爽宜人，冬季寒冷漫长，常有大风雪。蒙古国降水极少，主要集中在 7 ～ 8 月。从气候类型空间分布图来看（图 1-2），北部和东部部分地区为温带大陆性气候，夏季较为凉爽，且降水相对较多；中部是温带草原气候，降水较少；南部为干旱型沙漠气候，气候寒冷，全年少雨。

1.2.3　水文

俄罗斯地表水资源丰富，境内河道纵横，湖泊星罗棋布，有许多著名的河流和湖泊，水资源总量仅次于巴西，居世界第二位（图 1-3）。俄罗斯也是水资源开发利用大国，人均水资源占有量为 30 600m^3，全年总用水量大约为 2673 亿 m^3，人均用水量为 1800m^3（阿萨林，2008）。俄罗斯的绝大多数河流属外流河，第聂伯河、涅瓦河、叶尼塞河、勒拿河和顿河等分别注入黑海、波罗的海、北冰洋和太平洋，少数河流为内流河，如伏尔加河。

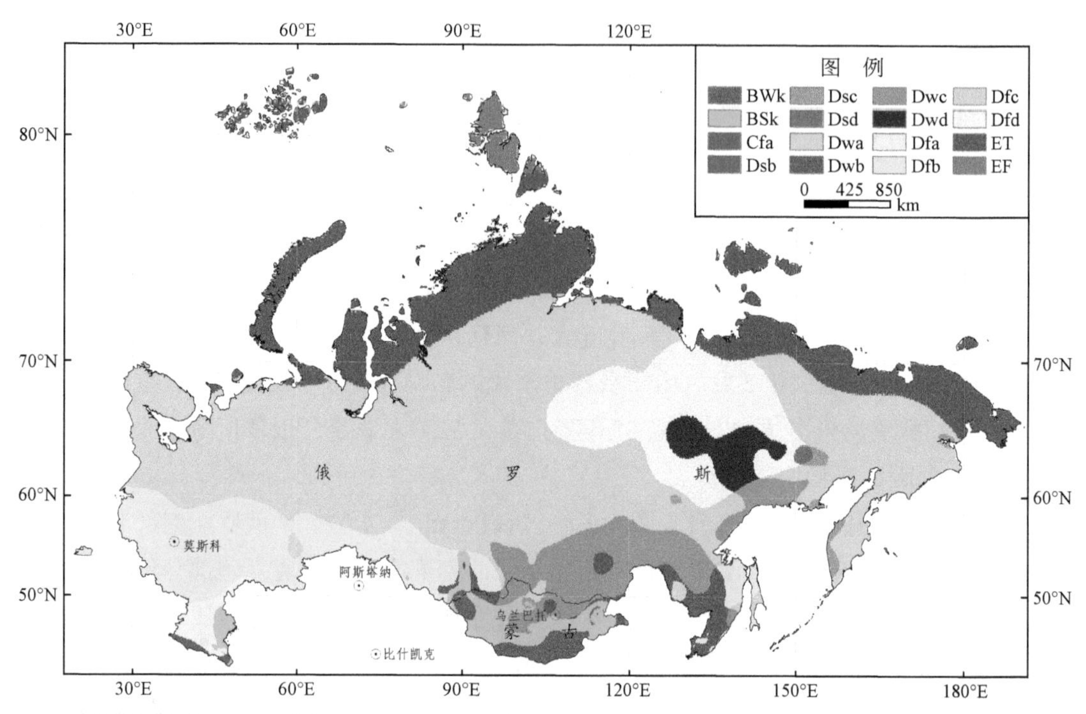

BWk为温带沙漠气候；BSk为温带草原气候；Cfa为夏季炎热型气候；Dsb为温暖型半干旱冷温气候；Dsc为凉爽型半干旱冷温气候；Dsd为寒冷性半干旱冷温气候；Dwa为夏季炎热型冬干冷温气候；Dwb为夏季温暖型冬干冷温气候；Dwc为夏季炎热型冬干冷温气候；Dwd为显著大陆型冬干冷温气候；Dfa为夏季炎热型常湿冷温气候；Dfb为夏季温暖型常湿冷温气候；Dfc为温带季风气候；Dfd为显著大陆型常湿冷温气候；ET为极地苔原气候；EF冰原及高原气候

图 1-2　蒙古和俄罗斯气候类型空间分布

其中伏尔加河是欧洲第一长河，位于俄罗斯的西南部，全长 3690km，也是世界最长的内流河，流入里海。伏尔加河在俄罗斯的国民经济和人民生活中起着非常重要的作用，因而，当地人将伏尔加河称为"母亲河"。鄂毕河是俄罗斯境内最长的河，上源为中国境内的额尔齐斯河，属北冰洋水系。鄂毕河坐落于西伯利亚西部，也是世界上的一条著名长河，全长 3650km，流域面积达 297 万 km^2。按流量划分，鄂毕河也是俄罗斯第三大河，仅次于叶尼塞河和勒拿河。鄂毕河也是西西伯利亚的主要运输通道，支流众多，水量丰富，每年上游约可通航 190 天，下游约可通航 150 天。俄罗斯境内湖泊众多，贝加尔湖、拉多加湖和奥涅加湖是俄罗斯的三大湖，其中贝加尔湖是世界最深和蓄水量最大的淡水湖。贝加尔湖位于俄罗斯西伯利亚的南部，伊尔库茨克州及布里亚特共和国境内，距蒙古国边界 111km，是东亚地区不少民族的发源地，被誉为"世界之井"。贝加尔湖湖形狭长弯曲，宛如一弯新月，所以又有"月亮湖"之称。湖水澄澈清冽，且稳定透明（透明度达 40.8m），其总蓄水量 23.6 万亿 m^3。贝加尔湖构造罅隙，两侧被 1000 ~ 2000m 的悬崖峭壁包围，湖泊的湖底沉积物厚度超过了 8 千米，深度可以与世界海洋最深处的马里亚纳海沟相媲美，并且湖底蕴藏着丰富的贵金属矿、沼气和天然气，湖中盛产多种鱼类，是俄罗斯重要渔场之一。世界各大湖泊中，贝加尔湖蓄水量最多，最深达 1637m，平均深度为 730m，是世界上最深的淡水湖，占全世界淡水总量的 20%，俄罗斯淡水总量的 90%。贝加尔湖不仅在自然方面，同时也在社会和经济方面发挥着巨大的作用。贝加尔湖地区是俄罗斯东部地区最大的疗养中心和旅游胜地，1996 年被列入世界人类文化和自然保护名录。另外在伊尔库茨克市的安加拉河上建有 4 个水利发电站，每年发电量有 900 亿 kW 左右，占全俄罗斯的 6.9%。

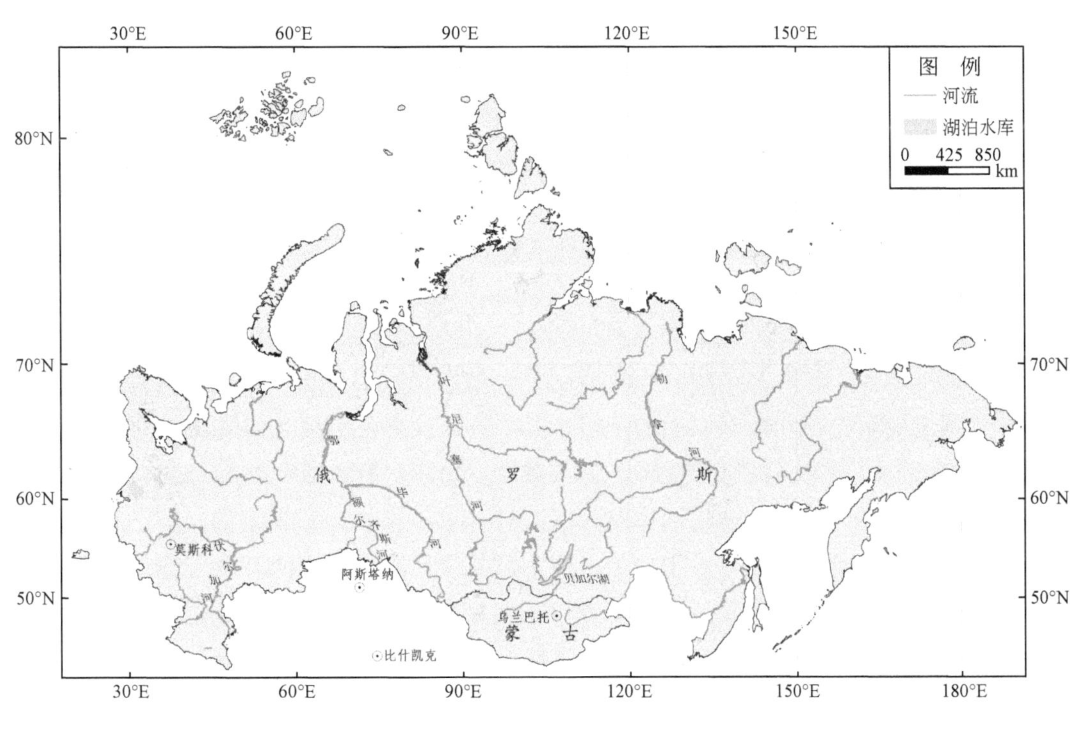

图 1-3　蒙古和俄罗斯主要水系分布

蒙古国是水资源短缺的国家，依据统计结果，蒙古国境内流经两个以上省份的河流有 56 条，大型湖泊 3 个。全国共有小河、溪流 6646 条，其中 551 条断流或干涸（图 1-3）。有湖泊和沼泽 3613 个，其中 483 个干涸。蒙古国大小河流的平均年径流量约为 390 亿 m^3，其中 88% 为不与外界水系相连的内流河（刘芳等，2015）。蒙古国湖泊水资源总量约为 1800 亿 m^3，地下水资源总量约为 120 亿 m^3。蒙古国境内河流主要有色楞格河、鄂尔浑河和克鲁伦河等，大部分分布在北部、中部地区。湖泊大多分布在西北地区，主要湖泊有乌布苏湖、库苏古尔湖和哈拉乌苏湖，其中，乌布苏湖海拔 753m，面积

3350km^2，是蒙古国最大的湖泊，东北部属俄罗斯图瓦共和国。该湖属于咸水湖，是古代巨大盐湖的残余部分。由于地处西伯利亚和中亚之间，乌布苏湖地区拥有极端的气候。冬天可低至 −58℃，而夏天可高达 47℃。但这里是 173 种雀鸟和 41 种哺乳动物的家园，当中包括雪豹、盘羊及羬羊等濒危物种。2003 年乌布苏湖被联合国教科文组织列入世界自然遗产名录。库苏古尔湖位于蒙古国北部，蒙古与俄罗斯边界附近，地处东萨彦岭南麓，面积 2620km^2，深度超过 244m，是蒙古最大的淡水湖，湖水由额吉河向南排出，四周为山丘起伏的乾旷草原。库苏古尔湖素有"东方的蓝色珍珠"之美誉。2008 年蒙古国政府通过一项专项计划，来加快开发库苏古尔湖至俄罗斯贝加尔湖的旅游线路。蒙古国南部河流、湖泊很少，但该区域拥有丰富的矿产资源，水资源问题已经越来越成为区域经济发展的制约因素。据该国媒体报道，由于全球气候变暖，蒙古国生态环境问题日益凸显，全国 70% 以上的土地面积存在不同程度的荒漠化，而且荒漠化面积正以惊人的速度在全国范围内扩展。蒙古国境内的河流、湖泊干涸不断加剧，人口持续膨胀，水资源日趋短缺，这将严重阻碍该国经济的发展。

1.2.4 植被

俄罗斯是世界上森林资源最为丰富的国家，森林覆盖面积和木材储量居世界首位。由于俄罗斯地域辽阔，森林资源分布具有明显地域性，主要分布在亚洲地区，亚洲部分的森林资源主要集中在北极圈以南的地区，其中远东和西伯利亚地区森林面积占全国森林面积的 71.95%，木材蓄积量占全国的 65.43%。此外，俄罗斯欧洲部分的森林资源主要分布在西北联邦区和伏尔加河沿岸联邦区，且开采条件好，开采率高，南方联邦区森林资源最少（姚予龙和张新亚，2012）。俄罗斯不少地区森林资源开发较晚，因此森林资源分布依纬度而变化的水平地带性特点十分明显，从高纬向低纬，地带性非常明显，依次分布有极地苔原、亚寒带泰加林、温带阔叶林和混交林、温带针叶林、温带草原、稀树草原和灌丛，以及荒漠和旱生灌丛（图 1-4）（Olson et al.，2001）。

北部苔原带也叫冻原，主要指北极圈内以及温带、寒温带的高山树木线以上的一种以苔藓、地衣、多年生草类和耐寒小灌木构成的植被带，是生长在寒冷的永久冻土上的生物群落。苔原带可进一步划分为寒带苔原和高山苔原两大类，前者集中分布在北部北冰洋沿岸，以及北极圈内许多岛屿上，大部分位于俄罗斯境内，主要为泰梅尔 - 中西伯利亚苔原，总面积达到 17.89 万 km^2。高山苔原是极地苔原植被在寒温带、温带山地的类似物，是高海拔寒冷湿润气候与寒冻土壤生境的植被类型。高山苔原分布在山地垂直带的上部，向上则过渡到高山亚冰雪带或冰雪带。高山苔原在 50° ~ 78°N 内均有分布，北接北冰洋，南端延伸至泰加林带边缘，在泰加林分布区内也有高山苔原分布，如西伯利亚东北部沿海苔原、切尔斯基 - 科雷马山苔原、跨贝加尔湖荒山苔原、楚科奇半岛苔原等，总面积达到83.76万km^2。苔原带严酷的环境条件，往往导致植被生理性干旱，不易生长，植被种类仅有100～200种，植被群落结构简单无层次，形成以苔藓和地衣占优势的、无林的苔原带，其他植被种类如莎草科、禾本科、毛茛科、十字花科的多年生草本植物，以及杨柳科、石楠科与桦木科的矮小灌木也有分布。

亚寒带泰加林带主要分布在寒带苔原带以南，温带草原带以北地区，35°～70°N均有分布，分布面积最广阔。亚寒带泰加林带在气候特征方面北界为夏季最热月10℃等温线（即苔原带南界），南界大致以年平均气温4℃等温线为界，在西部约与纬线平行（大致与50°N线相当），在东部则沿蒙古高原北部山脉，从贝加尔湖南侧向东北沿外兴安岭而达鄂霍茨克海岸。亚寒带泰加林带植被群落结构极其简单，常由一个或两个树种组成，下层常有一个灌木层、一个草木层和一个苔原层（地衣、苔藓和蕨类植物）。其中针叶林面积和储量占优势，最主要树种为落叶松，其面积超过其他针叶树种的总和。软阔叶林的代表树种为桦树，主要是疣枝桦和毛桦，其次为山杨。硬阔叶林的优势树种为橡树，主要为夏橡；其余橡林大多分布在远东地区，主要树种为蒙古栎。在东西伯利亚和远东地区还生长着一些材质坚硬的桦树，如岳桦、黑皮桦等，其面积仅次于橡树，居第2位。其他硬阔叶树种，如千金榆、脸树、槭树和榆树等的面积都很小。从林龄结构上来看，成过熟林占绝对优势（李剑泉等，2007）。另外，俄罗斯东南部与中国接壤的部分地区有少量的河漫滩草地和稀树草原分布（图1-4）。亚寒带泰加林带生境单调严寒，冬季漫长寒冷，植物生长期很短，乔木几乎都是针叶树种，主要由云杉、银松、落叶松、冷杉、西伯利亚松等针叶树组成，树叶呈细长针状，有很厚的角质层，为世界重要的用材树种。林下阴湿苔藓地被层很厚，无藤本及附生植物，少灌丛，森林结构简单，食物条件亦较单纯。

温带混交林带又称夏绿阔叶林带，主要分布于温带草原带和温带荒漠带的东西两端，集中在堪察加半岛和萨哈林岛等地区。从中国的吉林、辽宁、黑龙江直到俄罗斯的阿穆尔河，是俄罗斯东南部典型的温带混交林分布区。该区常年寒冷干燥，1月平均气温为-20～-15℃，年平均降水量为500～1000mm，海拔为500～1000m。随着地理纬度向北，平均温度逐渐降低，森林植被主要由以落叶阔叶林为主向以针叶林为主的混交林转变。针叶林树种主要包括红松、云杉和冷杉。落叶阔叶林树种主要包括蒙古栎、水曲柳、紫椴、白桦、满榆树和胡桃楸等。温带混交林带植物发育很好，枝叶繁茂，富有灌木、草本植物，阔叶树种类成分较欧洲丰富，有蒙古栎、辽东栎，以及槭属、椴属、桦属、杨属等组成的杂木林。群落的季相变化明显，冬季枝枯叶落，树干光秃，林内明亮。温带混交林带是我国主要的用材林生产基地之一，其代表植被是以红松为主的温带针叶、落叶阔叶混交林，组成中特产植物很多，如红松、沙冷杉、紫衫、长白侧柏等针叶树种，以及拧筋槭、假色槭、白牛槭、水曲柳、山槐、核桃楸、黄檗、大青杨和香杨等阔叶树种（张新时，2007）。

蒙古国属于典型的内陆国家，自然地理及气候条件独特，东北部分布着大量的温带草原、稀树草原和灌丛，西南部为荒漠和旱生灌丛，中部和南部为少量的山地草原和温带针叶林（图 1-4）。温带草原带和温带荒漠带是蒙古国两大典型的植被分布区。

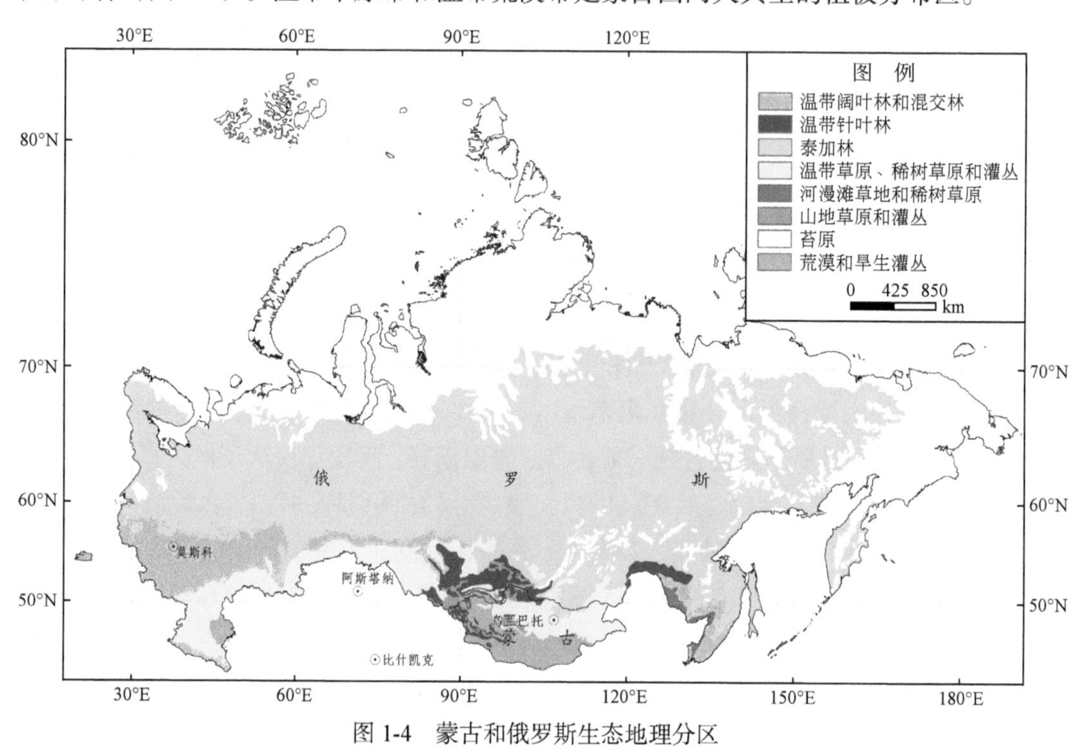

图 1-4　蒙古和俄罗斯生态地理分区

温带草原带分布在西伯利亚泰加林以南，呈东西走向，宽度大，这里气候比泰加林带温暖得多，植被群落由多年生丛生禾本科旱生植物为主所组成，植物群落连绵成片。水分的不足使乔木难以立足，杂类草虽然也有出现，但一般处于次要地位。禾本科草类根系扎得较深，并成丛分布形成连续而稠密的草地。典型草原的禾本科草类具有旱生的结构特点：叶片狭窄，有绒毛卷叶，甚至具有蜡质层等。植物群以禾本科、豆科和莎草科占优势，其中丛生禾草针茅属最为典型。此外，菊科、藜科和其他杂类草也占有重要地位。草原群落外貌呈暗绿色，植物体高度不大，生活型以地面芽植物为主。草原植物普遍具有旱生结构，如叶面积缩小，叶片内卷或气孔下陷以减少水分蒸腾，根系发育以便吸收地下水分和抵御强风。植物的地下部分发达，其郁闭程度常超过地上部分。多数植物根系分布较浅，集中在 0 ~ 30cm 的土层中。草原植物群落具有明显的季相变化，春末夏初一片葱绿，秋初枯黄。群落中建群植物生长、发育的盛季在 6 月、7 月，不少植物的发育节律，随降水情况发生变异。以营养繁殖为主。草原植物群分为草甸草原、典型草原（干草原）和荒漠草原。

温带荒漠带主要分布在蒙古西南部大部分地区，温带荒漠带气压高，天气稳定，风总是从陆地吹向海洋，海上的潮湿空气却进不到陆地上，因此雨量极少，非常干旱，地面上的岩石经风化后形成细小的沙粒，沙粒随风飘扬，堆积起来，就形成了沙丘，沙丘广布，就变成了浩瀚的沙漠。有些地方岩石风化的速度较慢，形成大片砾石，这就是荒漠，是仙人掌及多浆植物的自然分布中心，常见花卉有仙人掌（Opontia）、龙舌兰（Agave）、芦荟（Aloe）、十二卷（Haworthia）、伽蓝菜（Kalanchoe）等。这里砂质沙漠占有广大面积。生境条件与温带草原在景观开阔性、季节变化、昼夜相变化等特点上相似，但比温带草原更为严酷，特别是降水稀少且变率极大，水源缺乏，植被比较稀疏。

由于地域面积广阔而人口稀少，蒙古国人均占有森林面积在世界上名列前茅。蒙古的森林资源达 13 亿 m^3，每年自然增长约 50 多万立方米。森林主要分布在与俄罗斯交界的北部地区，并形成西伯利亚泰加林与中亚干旱草原的过渡性植被类型，库苏古尔、布尔干、色楞格、肯特和后杭爱等省森林资源比较丰富。蒙古有开发潜力的森林估计有 5 万 ~ 6 万 km^2，可开发的森林蓄积量约为 6 亿 m^3，森林蓄积年增长量为 560 万 m^3。北部地区具有开发潜力的森林蓄积量为每公顷 100 ~ 154m^3，一般蓄积量为每公顷 54 ~ 79m^3。森林主要由针叶树种组成，以落叶松、石松、樟子松为主。阔叶树种以白桦、欧洲山杨、胡杨、刺叶柳为主，另外还有榆树、锦鸡儿、白刺、胡颓子等。从各树种的分布面积看，落叶松面积最大，为 7.7 万 km^2，占森林总面积的 44.1%；另外，还有西伯利亚红松、西伯利亚云杉及其他一些阔叶树种。西部地区主要分布有落叶松，约占该地区树种的 94%；东部地区以落叶松等松树类树种为主；中部地区主要是落叶松、樟子松及桦木类树种；南部及西南部地区分布着大面积的干旱森林及灌木林地，其中 90% 为梭梭林，10% 为柽柳林。可见，蒙古在发展林业和木材加工业，以及木材出口方面具有较大的潜力。

从整体看，蒙古和俄罗斯森林资源十分丰富，木材资源作为国家建设和人民生活不可缺少的部分，对社会经济发展起着巨大作用。2014 年俄罗斯原木供应有所增加，锯材产量继续飙升。2014 年俄罗斯针叶锯材中国出口量为 730 万 m^3，较 2013 年增加近 100 万 m^3。中国与蒙古和俄罗斯在深化森林采伐和木材深加工合作等领域有着巨大的潜力，在“一带一路”倡议的带动下，必将推动各国经济持续快速增长。

1.3　社会经济发展现状

1.3.1　人口、民族与宗教简况

俄罗斯是世界上人口密度最小的国家之一，2012 年平均人口密度为 8.3 人 /hm^2，

人口分布的地域差异性和不均衡性十分显著。俄罗斯人口空间分布呈现西密东疏的特征，人口主要集中在俄罗斯欧洲地区，而俄罗斯欧洲地区人口密度空间格局则又呈现出中西部人口稠密的特征，主要集中在伏尔加河沿岸区和乌拉尔联邦区南部。其中，乌拉尔区南部，人口密度比较高的主要在下塔吉尔和马格尼托哥尔斯克这两个城市之间的地带，而西伯利亚区居住的人口还占不到俄罗斯总人口的 1/4，该区域人口主要集中在新西伯利亚、托木斯克、克拉斯诺亚尔斯克及伊尔库茨克（李莎和刘卫东，2014）。2000 ~ 2014 年俄罗斯人口变化呈现先急剧下降后缓慢上升的趋势，2000 年俄罗斯总人口数为 1.47 亿人，而到 2008 年只有 1.43 亿人，8 年间减少了 386 万人，2009 ~ 2014 年，人口总数才呈现缓慢上升趋势（图 1-5），截至 2014 年，人口总数约为 1.44 亿人。俄罗斯是世界上男女比例失衡最为严重的国家之一。根据最新人口普查结果显示，2016 年俄罗斯男女比例为 1000 ：1147，城市人口男女比例甚至达到了 1000 ：1167。俄罗斯男性和女性人数分别为 6700 多万和 7700 多万，整整相差 1000 万。俄罗斯有 100 多个民族，主要的少数民族有俄罗斯族、鞑靼族、巴什基尔族和哈萨克族等，其中俄罗斯族的人口数量最多，俄罗斯 87.3% 的居民的民族语言属于印欧语系，其中俄语是俄罗斯联邦的官方语言，主要少数民族也都有自己的语言和文字。俄罗斯主要宗教为东正教，其次为伊斯兰教。

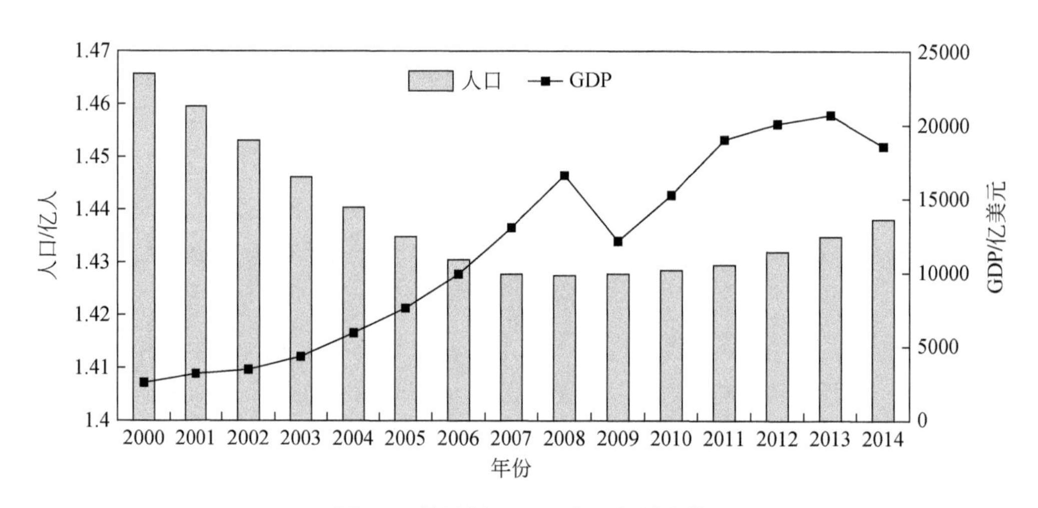

图 1-5　俄罗斯 GDP、人口年际变化

蒙古国是一个地广人稀的草原之国，是世界上人口密度最小的国家之一，人口分布不均匀。2010 年蒙古国统计数据显示全国人口为 275.5 万人，人口密度为 1.76 人 /m^2，其中人口最稠密的地区是杭爱山区和鄂尔浑河谷地，每平方千米有 2 ~ 3 人；南部的戈壁沙漠和半沙漠地带，每 10 ~ 15km^2 只有 1 人。蒙古国人口年龄结构呈年轻化趋势，其

中 0 ~ 29 岁人口占总人口的 70% 左右。从蒙古国建立以来的人口统计数据看，2000 年以来人口一直呈现缓慢增长趋势，2000 年人口为 239.7 万人，2014 年人口为 291 万人。20 世纪 90 年代以来城市居民占总人口的 80%，其中生活在首都乌兰巴托的居民占全国居民总数的 1/4，城市人口远超农村人口。在美国媒体列出的全球最大人口稀少国家或地区中，蒙古国名列第四位（张秀杰，2011），劳动力资源不足是制约该国经济发展的主要因素之一。蒙古人口以喀尔喀蒙古族为主，约占全国人口的 80%，此外，还有哈萨克族、杜尔伯特、巴雅特、布里亚特等 15 个少数民族。蒙古国农业人口主要由饲养牲畜的游牧民组成。蒙古国主要语言为喀尔喀蒙古语，蒙古民族是游牧民族，善于骑马，因此也被称为“马背民族”。居民主要信奉喇嘛教，根据《国家与寺庙关系法》的规定，喇嘛教为国教，还有一些居民信奉土著黄教和伊斯兰教（图 1-6）。

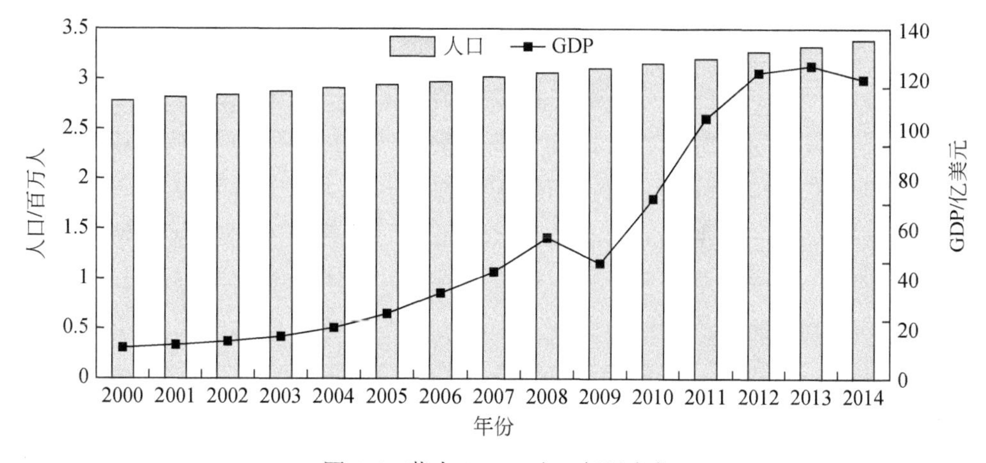

图 1-6　蒙古 GDP、人口年际变化

1.3.2　社会经济状况

俄罗斯作为全球第八大经济体，经济潜力巨大，工业以机械、钢铁、冶金、能源、森林、化工等重工业为主，国防工业在国民经济中占重要地位，轻纺工业相对落后。俄罗斯地处高纬，气温较低，不利于农业生产，东欧平原的伏尔加河流域和顿河流域是主要的农业区，农业产值增长超过了畜牧业。俄罗斯交通网络发达，但在欧洲部分和亚洲部分地区分布不平衡，唯独西伯利亚大铁路沟通俄罗斯东西，被称为第一亚欧大陆桥。俄罗斯工业主要集中在欧洲地区，包括以综合工业为主的圣彼得堡工业区和莫斯科工业区，其中莫斯科主要工业部门有汽车、飞机、火箭、钢铁、电子等，以及以钢铁工业和机械工业为主的乌拉尔工业区，新兴工业区为新西伯利亚工业区，然而以石油、机械、森林、军事为主的工业主要分布在亚洲地区。俄罗斯西部地区工业基础雄厚，东部地区经济水平较低，但是矿产资源及水和其他资源丰富且发展潜力很大。俄罗斯是世界上拥有石油资源最多的国家之一，其石油产量和出口量位居世界第二，出口到海外的石油加工产品的价值已经超过了原油的出口收入。2000 ~ 2008 年，中俄的贸易进出口总额呈不断上升的趋势，但在2008年之后，中俄受金融危机的波及，双方进出口总额均有所下降，之后经济迅猛发展，两国贸易总额也达到了更高的水平，到 2014 年，中俄贸易总额达到 952.71 亿美元。从国内生产总值上看，2000 ~ 2014 年俄罗斯国内生产总值呈现波动上升的趋势。2000 ~ 2008 年俄罗斯 GDP 以年均 6.4% 幅度逐年增长，2008 年 GDP 总量达到 16 608 亿美元，2008 年下半年由于国际金融危机的影响，导致在 2009 年国内生产总值降至 12 226 亿美元，之后受国际能源价格上升影响，2014 年国内生产总值达 18 606 亿美元（图 1-5）。为深化中俄两国贸易合作，维护两国的经济安全与稳定，在"一带一路"倡议实施过程中应遵循客观经济规律扎实稳妥地推进中俄两国间的合作进程，从战略层面综合平衡利益得失，在双边经贸合作中增强市场机制的作用，完善经贸合作的法律基础，提高双边经贸合作机制的效率，搭建各种贸易投资促进平台。

蒙古国地广人稀，特色产业主要为畜牧业和采矿业。畜牧业是蒙古国传统的经济部门，也是蒙古国民经济的基础。古往今来，蒙古人都以草原畜牧业为生，主要经营五种牲畜，包括牛、马、绵羊、山羊和骆驼，并将其称为"五种珍宝"，过着"靠天养畜""逐水草而居"的生活，素有"畜牧业王国"之称。不同草原类型区各种家畜的分布有所不同。在森林草原和干草原带以发展牛、细毛羊和半细毛羊为主；高山山地发展牦牛、犏牛；荒漠草原地带以发展山羊和骆驼为主。蒙古国天然牧场辽阔，占整个国土面积的 83% 以上，居世界第六位，人均草原面积列世界之首。2007 年，蒙古牲畜存栏总数达 4030 万头，比前一年增长 15.7%，创历史最高纪录。蒙古国在 2011 年从事畜牧业的牧业户为 22.62 万户，其中直接从事畜牧业生产的牧民户达 17.13 万户，牧民总人口为 68. 4 万人。蒙古国草原畜牧业对其他产业的发展具有很大的关联性，如除了满足国内外广大人民日常生活所需要的食物外，还能为轻工业提供大量的原材料。蒙古国的轻工产业，如皮革厂、鞋厂、绒毛加工厂、地毯厂、肉加工厂、乳品厂、骨胶厂等企业的原料，其中 75% 以上来自于草原畜牧业（道日吉帕拉木，1996）。因此草原畜牧业是轻纺工业、食品加工业发展的重要基础。2006 年，蒙古国草原畜牧业共为国家轻纺工业、食品加工业提供 35.5 万 t 肉、47.94 万 t 鲜奶、1.52 万 t 羊毛、 0.4 万 t 羊绒、6.5 百万张皮革，比起 2005 年鲜奶、羊毛、羊绒分别增加了 5.36 万 t、0.11 万 t、0.03 万 t，而肉类、皮革分别减少了 3.16 万 t、0.4 百万张（敖仁其，2004；娜仁，2008）。蒙古国丰富的矿产资源为其采矿业的发展提供了条件，使矿产业成为蒙古的支柱行业。在蒙古国历年出口产品结构中矿产品、原料和畜产品加工品、纺织品始终占有重要比例，其中矿产品比例呈上升趋势，矿产品在整个出口中的贡献率达到 44%

以上（巴特尔，2004）。蒙古国进口的主要商品是机电商品及零配件，公路、航空、和水路运输工具及其零件、化学及化工产品、钢材及其制品等，2014 年，中蒙的进出口总额达到 73.18 亿美元。经过十多年艰难曲折的改革，蒙古国已经摆脱了转轨经济的阴影，进入快速发展的新阶段（于潇，2008）。从国内生产总值来看，蒙古 GDP 变化趋势同俄罗斯一样，2000 ~ 2008 年，国内生产总值由 11.37 亿美元上升到 56.23 亿美元，而在 2009 年受金融危机的影响，下降到 45.84 亿美元，之后随着经济的复苏，到 2014 年，蒙古的国内生产总值达到 120.16 亿美元（图 1-6）。

1.3.3　城市发展状况

俄罗斯的城市主要集中分布于西部的欧洲地区。西部农业基础好，东欧平原和顿河流域农业发达。人口和城市多分布在铁路沿线，交通便利。从空间分布看，由西北部的圣彼得堡沿伏尔加河向东南延伸直达伏尔加格勒，再往东则越过乌拉尔山沿西伯利亚大铁路直抵远东的符拉迪沃斯托克（海参崴），城市数量逐渐减少，一直到远东地区城市数量才略有增加。俄罗斯的城市化水平与西方国家接近，但其城市化发展却独具特色，表现为城市规模相对较小，特大城市较少。城市在各地区分布不均衡，联邦直辖市具有无与伦比的发展优势，中心城市具有一定的发展优势，小城市发展状况不佳，产业结构单一城市发展状况堪忧（高际香，2014）。但俄罗斯政府积极促进城市转型，人口进一步向大城市集聚，大城市化趋势明显，在社会经济中的地位日趋上升，以莫斯科为首的特大城市发展优势领先，城市规划、城市更新等城市现代化进程快速前进。

蒙古国除首都乌兰巴托外，还划有 21 个省，由于特殊的地理条件，城市分布较集中，主要分布在蒙古东部和北部地区。

在现代社会中，所有经济活动都会存在夜间表现，而灯光是夜间表现的显性信息，经济活动强度越大，夜间表现也一定强烈，夜间灯光的亮度也会越明显。国内外学者已经利用夜间灯光数据对社会经济活动、人口和城镇化发展开展了一系列研究。例如，卓莉等利用夜间灯光强度信息模拟了灯光区内部的人口密度，并利用人口 - 距离衰减规律和电场叠加理论模拟了灯光区外部的人口密度，实现了人口密度的快速估算（卓莉等，2005）。徐康宁等利用全球夜间灯光数据测算了中国的经济增长率，结果表明灯光亮度与 GDP 之间存在显著的正相关（徐康宁等，2015）。杨洋等基于夜间灯光数据综合分析了中国 1992 ~ 2010 年土地城镇化水平时空动态特征，发现中国土地城镇化水平增长迅速，土地城镇化水平区域差异明显（杨洋等，2015）。李景刚等利用 DMSP /OLS 夜间灯光数据，探讨了环渤海城市群地区城市化过程对植被初级生产力的季节性变化的影响（李景刚等，2007）。可见，城市夜间灯光数据可以直接反映一个城市的繁华程度，灯光指数值越高代表城市的繁华程度越高，灯光指数变化斜率越大说明城市经济、人口发展越快。

本节基于美国 DMSP（defense meteorological satellite program）卫星 OLS(operational line scan system) 传感器夜间灯光数据来分析蒙古和俄罗斯典型城市发展状况。与一般传感器不同的是，OLS 传感器的目的是采集夜间灯光、火光等产生的辐射信号，观测夜间月光照射下的云（云层分布、云顶温度等），而非获取太阳光辐射地表后反射的信号，因而该传感器具有较高的光电放大能力，能够有效地探测到城市夜间灯光甚至小规模居民地、车流等产生的低强度夜间灯光，并使之区别于黑暗的乡村背景，是监测人类活动强度的良好数据源。因此，夜间灯光作为人类活动的表征，可以成为人类活动监测研究的良好的数据来源（Elvidge et al.，2007）。本书采用的夜间灯光数据来源于美国国家地球物理数据中心（National Geophysical Date Center， NGDC）网站（http://ngdc.noaa.gov/eog/dmsp.html）提供的最新 Version 4 DMSP/OLS 夜间灯光数据。该数据为全球夜间灯光影像，空间分辨率为 30"，覆盖范围为 –180°W ~ 180°E，纬度范围 65°S ~ 75°N，影像 DN 值范围为 0 ~ 63，以颜色的深浅表示灯光的强弱，DN 值较高的区域通常对应城市化水平较高的地区。另外，本节还对夜间灯光数据时间序列进行最小二乘法回归，并将回归的直线的斜率定义为 “灯光变化斜率”。

从 2013 年夜间灯光指数分布看（图 1-7、表 1-1），俄罗斯灯光指数为 0 ~ 10 的地

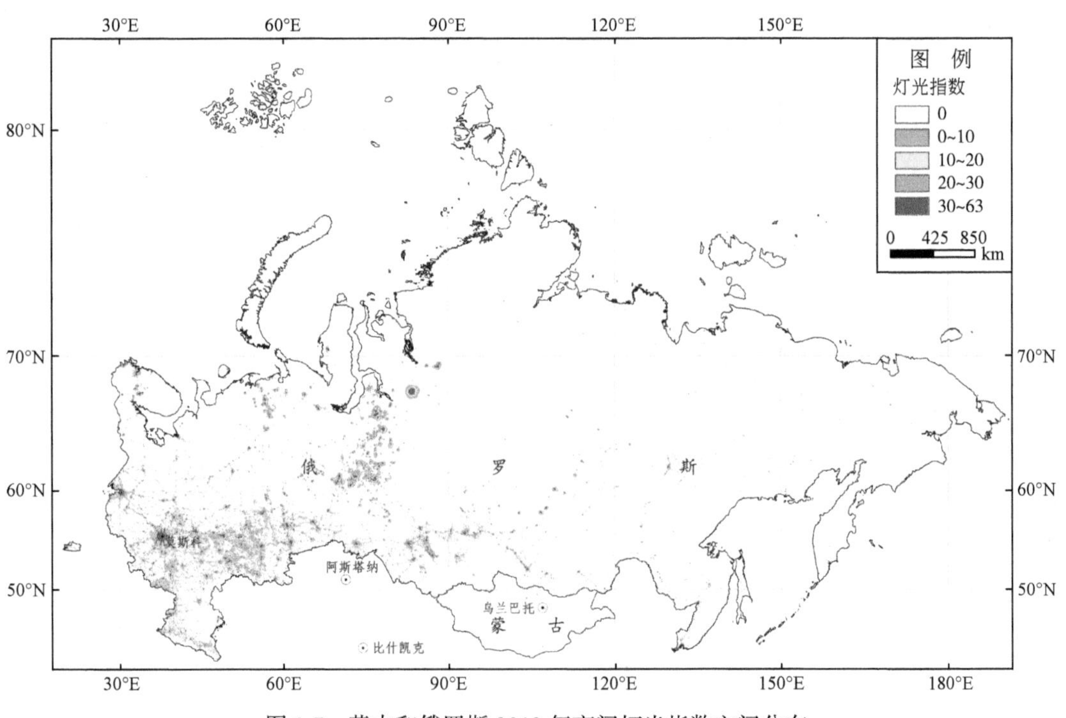

图 1-7 蒙古和俄罗斯 2013 年夜间灯光指数空间分布

区面积最多，占总面积的97.28%，而灯光指数在10以上的地区主要分布在西部地区。灯光指数数据反映了俄罗斯城市聚集的数量由西向东南不断减少，形成了一条东西走向的楔形“城市聚集核心地带”，这里资源丰富，开发历史悠久，交通便利，是俄罗斯人口最密集、经济最发达的地带。2000 ~ 2013年俄罗斯灯光指数变化显著，灯光指数为0 ~ 10的区域面积减少了0.33万km^2，占总面积的比例由97.90%降至97.28%，灯光指数为10 ~ 20的区域面积呈增加趋势，面积增加最多，为3.98万km^2，占总面积比例由1.24%增至1.48%；灯光指数为20 ~ 40的区域面积增加了3.56万km^2，比例由0.56%增至0.77%；而灯光指数为40 ~ 63的区域面积增加了1.79万km^2，占总面积的比例增加了0.17%。从2000 ~ 2013年灯光指数变化率空间分布来看，总体上俄罗斯城市由中部向北面和东面扩展最快，亮度明显增大，而西部扩展缓慢（图1-8）。

表1-1　俄罗斯2000年和2013年夜间灯光指数分级面积统计表

灯光指数	2000年		2013年	
	面积/万km^2	比例/%	面积/万km^2	比例/%
0 ~ 10	1636.03	97.90	1625.70	97.28
10 ~ 20	20.73	1.24	24.71	1.48
20 ~ 40	9.31	0.56	12.87	0.77
40 ~ 63	5.02	0.30	7.81	0.47

首都莫斯科地处俄罗斯欧洲部分、东欧平原中部，跨莫斯科河及支流亚乌扎河两岸，是俄罗斯乃至欧亚大陆上极其重要的交通枢纽，也是俄罗斯重要的工业制造业中心、科技、教育中心。莫斯科是一个人口超过1000万人的特大型城市，2013年夜间灯光亮度最突出，2000 ~ 2013年灯光指数的变化率也最大，可见莫斯科的人口、经济规模及2000年以来的发展速度均超过了其他城市。

2013年蒙古灯光指数在0 ~ 10的区域面积也最多，占总面积比例为99.86%（图1-7、表1-2）。从2000 ~ 2013年灯光指数变化来看，蒙古灯光指数为10 ~ 20的区域面积增加最多，由0.04万km^2增至0.13万km^2，增加了0.09万km^2，占总面积比例由0.03%增至0.08%。此外，从2000 ~ 2013年灯光指数变化率空间分布来看，蒙古以首都乌兰巴托为中心的地区灯光亮度增加最为明显，2013年的灯光指数为40 ~ 63，城市发展较快，蒙古北部地区灯光指数稍有降低，城市发展缓慢（图1-8）。

表 1-2　蒙古 2000 年和 2013 年夜间灯光指数分级面积统计表

灯光指数	2000 年		2013 年	
	面积 / 万 km²	比例 / %	面积 / 万 km²	比例 / %
0 ~ 10	156.43	99.95	156.27	99.86
10 ~ 20	0.04	0.03	0.13	0.08
20 ~ 40	0.02	0.01	0.07	0.04
40 ~ 63	0.01	0.01	0.04	0.02

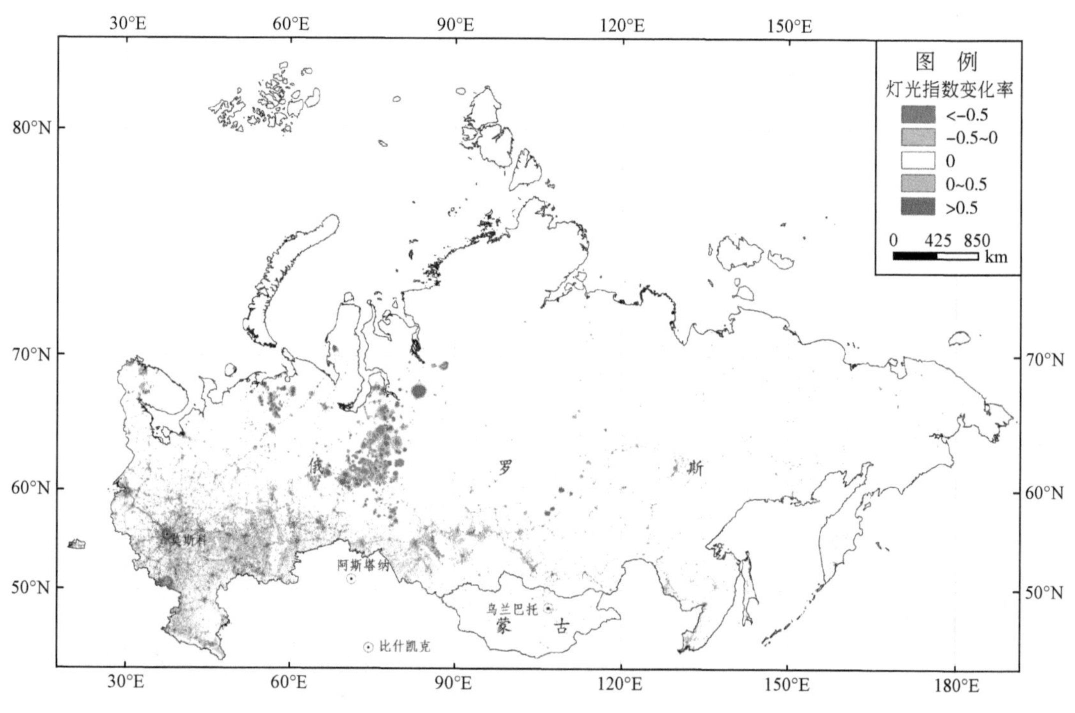

图 1-8　蒙古和俄罗斯 2000 ~ 2013 年夜间灯光指数变化率空间分布

蒙古国首都乌兰巴托是一个具有浓郁草原风貌的现代城市，位于蒙古高原中部，土地总面积为 4704km²，拥有 131.9 万人口。乌兰巴托市是蒙古最大的城市，也是蒙古最大的商贸中心和物资集散地，全国大部分工厂企业设在这里。乌兰巴托城市核心区位于亚洲和欧洲相连的铁路线上，呈现“一轴两环一带一中心”的城市空间布局，城市发展较快。

1.4　小　　结

中国与蒙古和俄罗斯三国是东北亚的重要组成部分，在“一带一路”中的区位优势非常突出。蒙俄区连接了中国与欧洲两个最重要的世界经济中心，在进一步促进世界经济繁荣中担负着桥梁作用。蒙古和俄罗斯是实施“一带一路”倡议和开展区域开发合作的重要国家，随着“丝绸之路经济带”“跨欧亚大铁路”“草原丝绸之路”的连接，势必会打通中国与蒙古和俄罗斯经济合作的走廊，更进一步促进各国之间物资流通、社会发展、文化交流和经济融合目标的实现。与此同时，生态环境问题也是各国实施“一带一路”倡议所面临的最紧迫、最严峻的问题。蒙古和俄罗斯作为“一带一路”倡议合作的重要成员，其生态环境质量的好坏直接或间接地影响着整个东北亚地区的生态环境状况和经济合作前景。蒙古和俄罗斯拥有极其丰富的矿产、森林和水资源，具有很大的经济开发潜力，因此要从系统的视角对蒙古和俄罗斯的生态环境现状和演变态势进行监测，共同规避“一带一路”倡议实施中可能存在的生态环境风险问题。

第 2 章　主要生态资源分布与生态环境限制

生态资源，即生态环境资源。在人类生态系统中，一切被生物和人类的生存、繁衍和发展所利用的物质、能量、信息、时间和空间，都可以视为生物和人类的生态资源。生态环境资源可以分解为两个方面：一是“生态环境”，二是“资源”。生态环境（ecological environment）就是“由生态关系组成的环境”的简称，是指影响人类生存与发展的水资源、土地资源、生物资源，以及气候资源数量与质量的总称，是关系到社会和经济持续发展的复合生态系统。资源则是指一切对人类有用的事和物。把生态环境当作资源，主要是从人类生存和可持续发展的角度出发，强调保护生态环境的重要性，而并不侧重开发利用（严立冬等，2009）。近半个世纪以来，全球经济得到快速增长，但是人类由于在经济发展中忽视了生态环境的保护，对地球环境的长期掠夺式开发和利用，造成部分自然资源接近耗竭，环境污染和生态破坏已严重威胁到人类的生存和发展，世界各国都不同程度地受到了自然规律的严厉惩罚（徐远春等，2002；邵波和陈兴鹏，2005）。目前整个世界尤其是发展中国家，正日益面临着生态环境不断恶化的严峻挑战：人口剧增、森林资源锐减、水土流失加剧、耕地资源丧失、草地资源退化、湿地资源萎缩、淡水资源紧缺、生物多样性减少、沙漠化、石漠化和荒漠化加剧、海洋赤潮频次增加、大气环境恶化等（林琳，2010）。社会经济的发展是以对资源和环境的开发利用为基础的。一般而言，一方面，经济增长速度越快，对资源的索取量越大，相应地，对生态环境的破坏和产生的环境污染也越严重。但另一方面，良性的经济发展状况也可以促进生态环境的改善。社会经济发展和生态环境之间是相互联系、相互制约、互为基础的，只有经济与环境保持协调，才能实现真正意义上的可持续发展（余洁等，2003；王国印，2006；孙家驹，2005）。

俄罗斯位于欧亚大陆北部，地跨欧亚两大洲，是世界上国土面积最大的国家。俄罗斯自然资源总量居世界首位。俄罗斯科学院社会政治研究所 2004 年出版的《俄罗斯：复兴之路》报告称，俄罗斯是世界上唯一一个自然资源几乎能够完全自给的国家。作为世界资源大国，俄罗斯已经探明的资源储量约占世界资源总量的 21%，高居世界首位。从类别看，俄罗斯各种资源储量几乎都位于世界前列，特别是在其他国家非常短缺的矿物、森林、土地、水等资源方面，俄罗斯的优势非常大。俄罗斯拥有世界最大储量的矿产和能源资源，是最大的石油和天然气输出国。俄罗斯石油探明储量 65 亿 t，占世界探明储量的 12% ~ 13%。天然气潜在资源估计为 212 万亿 m^3，已探明蕴藏量为 48 万亿 m^3，占世界探明储量的 1/3 强，居世界第一位。俄罗斯还拥有世界最大的森林储备和含有约占世界 25% 的淡水的湖泊（Gruza and Ran'kova，2003）。俄罗斯森林资源储量已经超过了整个北美的森林资源，已经成为世界木材第三大出口国，仅次于美国和加拿大。

蒙古地处亚洲中部，深居亚欧大陆腹地，总面积 156.65 万 km^2，国土面积在全世界排第 18 位，是世界上第二大内陆国家。蒙古矿产资源最为丰富。蒙古地处西伯利亚板块与中朝板块之间，在地质发展史上曾是一个地质构造和岩浆强烈活动的地区，成矿地质条件较为优越，形成了较多的矿产地，已发现和确定的矿物有 80 多种，主要有铜、铁、煤、锰、铬、钨、钼、铝、锌、汞、铋、锡、砂金矿、岩金矿、磷矿、萤石、石棉、石墨、云母、水晶、绿宝石、紫晶、绿松石、石油、页岩矿等，其中主要开发的矿产有铜、钼、煤、石油等，多为初级产品，主要销往中国，但大部分矿产地仍需要进一步开发才能使用（贾忠祥等，2004）。统计数据显示，蒙古国是世界上煤矿最富有的前十个国家之一，有 98 亿 t 的探明储量（安可玛，2013）。

自 2013 年中国提出"一带一路"国际合作发展倡议后，国际社会积极响应，"一带一路"所带动的以交通为主的基础设施建设成为带动亚太经贸投资发展，促进社会人文交流，推动新一轮经济全球化平衡发展的重要手段，这其中，则以中蒙俄之间的"中蒙俄经济走廊"尤为引人注目（范丽君和李超，2016）。"中蒙俄经济走廊"将通过打造具有发展潜力的经济走廊和贸易往来与政治互动，来改善民生、调整国内经济结构、维护周边地区稳定，以此促成一个新的发展区域生成，最终推进欧亚共同体新的发展空间的形成。蒙古和俄罗斯同中国一起作为"中蒙俄经济走廊"的战略部署国家，三国的经济发展结构具有很强的互补性，三方在能源输出、资金与技术支持、市场、通道、劳动力等方面具有高度的利益需要，因此"中蒙俄经济走廊"的建设有着巨大的发展潜力（于洪洋等，2015）。蒙古和俄罗斯境内丰富的自然资源无疑为"中蒙俄经济走廊"的建设奠定了坚实的基础。但由于蒙古和俄罗斯所处纬度较高，气温普遍较低，且温差较大，降水偏少，境内暴雪、极端天气、干旱、沙漠化等自然灾害也对"一带一路"的建设形成了潜在的威胁（阮晓东，2015）。

2.1　土地覆盖与土地利用程度

蒙俄区地理跨度大，地域辽阔，土地覆盖类型多样，其中以森林、草地和农田为主，由于人口稀少，故而人均占比量位居世界前列。蒙古和俄罗斯土地利用程度空间差异显著，土地利用程度指数比全球平均水平稍高，但总体上高值区域与人口分布的稠密区域相吻合。

2.1.1 土地覆盖

土地覆盖是自然营造物和人工建筑物所覆盖的地表诸要素的综合体，包括地表植被、土壤、湖泊、沼泽湿地及各种建筑物，具有特定的时间和空间属性，其形态和状态可在多种时空尺度上变化。土地覆盖是随遥感技术发展而出现的一个新概念，其含义与"土地利用"相近，土地覆盖侧重于土地的自然属性，土地利用则侧重于土地的社会属性。

本节基于遥感监测获取的2014年土地覆盖数据来分析蒙古和俄罗斯主要土地覆盖类型的空间分布特点。2014年土地覆盖遥感监测数据空间分辨率为250m，土地覆盖分类包括农田、森林、草地、灌丛、水面、不透水层、裸地、冰雪8个一级类型。土地覆盖制图结果通过样本检验，制图总体精度为74%，其中，农田的平均精度为67%，森林的平均精度为84%，草地的平均精度为59%，灌丛的平均精度为61%，水面的平均精度为79%，不透水层平均精度为52%，裸地的平均精度为88%，冰雪的平均精度为62%（胡奕运等，2014）。

从土地覆盖遥感监测结果看，2014年蒙古和俄罗斯土地覆盖类型分布特点体现在以下两个方面。

1. 草地和森林是俄罗斯最主要的土地覆盖类型

俄罗斯西部以平原和低地为主，东部大部分是高原和山地，土地覆盖类型多样，以草地和森林为主（图2-1）。2014年俄罗斯的草地面积约占国土面积的44.96%，人均面积约为520 km^2/万人，主要分布在65° ~ 80°N之间的陆地及岛屿上（图2-2、图2-3）。此外，森林面积约占俄罗斯国土总面积的37.59%，人均面积约为440km^2/万人，主要分布在东欧平原和远东西伯利亚地区，是世界上面积最大的亚寒带针叶林分布区。亚寒带针叶林内部群落结构极其简单，常由一个或两个树种组成，下层常有一个灌木层、一个草木层和一个苔原层（地衣、苔藓和蕨类植物）。这里生境单调、严寒，冬季漫长寒冷，植物生长期很短。乔木树种主要由云杉、银松、落叶松、冷杉、西伯利亚松等针叶树组成。其他土地覆盖类型中农田所占比例稍大，为11.61%，灌丛、水体、人造地表、裸地和冰雪所占比例极少，都在3%以下。

2. 蒙古草地分布最为广阔，在各种土地覆盖类型中占绝对优势

蒙古位于蒙古高原，是典型的温带大陆性气候，由于远离海洋，湿润气候难以到达，因而终年干燥少雨，气候条件恶劣，因此土地覆盖类型较为单一，以草地为主（图2-1）。蒙古西部、北部、中部多为山地，东部为丘陵平原，草地资源丰富，占国土面积的70.08%，人均面积约为4400 km^2/万人（图2-3、图2-4）。近十几年来，因全球气候

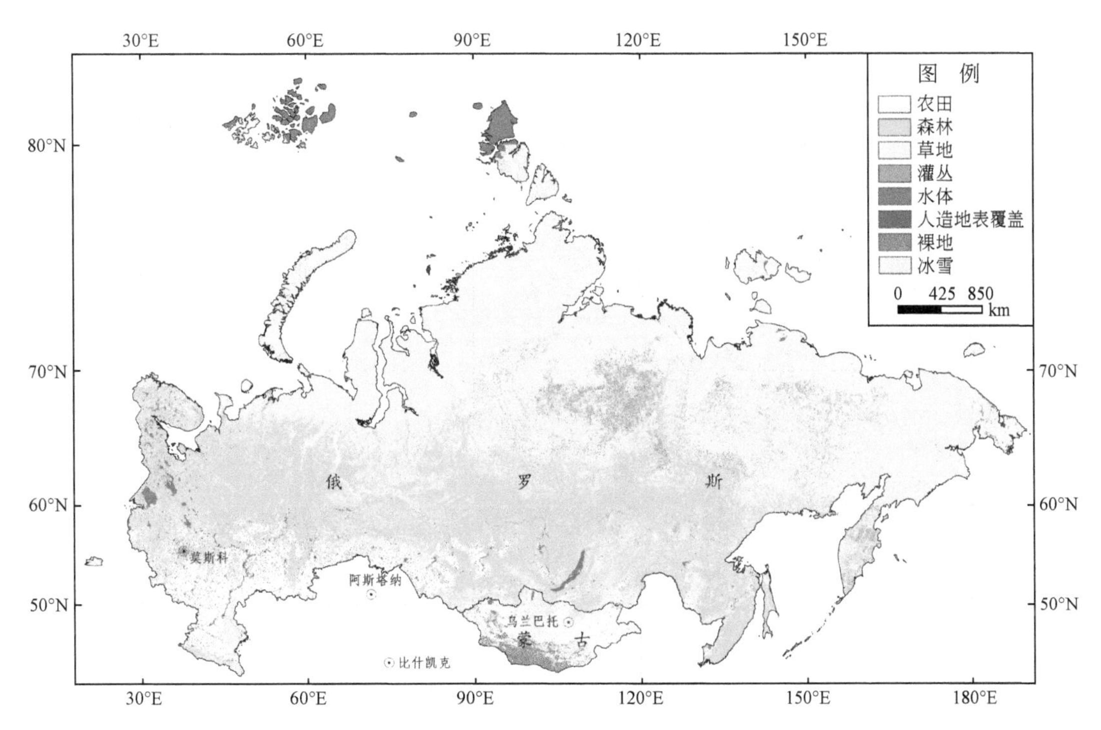

图 2-1　蒙古和俄罗斯 2014 年土地覆盖类型分布

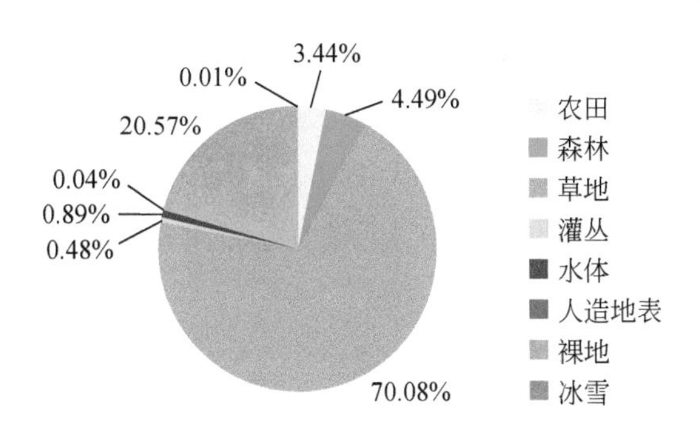

图 2-2　俄罗斯 2014 年土地覆盖类型面积比例

变化和过度放牧等人为因素的影响，蒙古的草地退化严重，沙漠化和荒漠化正在加速发展，南部的乌布苏、中戈壁、东戈壁等地区已完全退化为戈壁沙漠（魏云洁等，2008），到 2014 年蒙古裸地占国土面积的比例已达到了 20.57%。其他土地覆盖类型因气候和地形等因素影响，所占面积比例均在 5% 以下。由于蒙古人口密度较小，其草地、裸地、农田、水体的人均面积均大于俄罗斯。

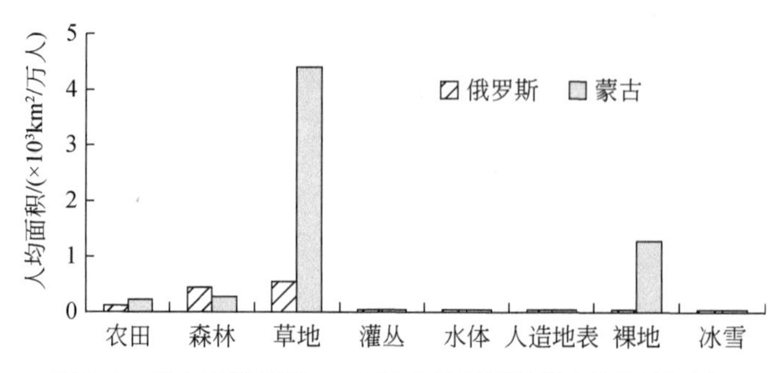

图 2-3　蒙古和俄罗斯 2014 年土地覆盖类型人均面积对比

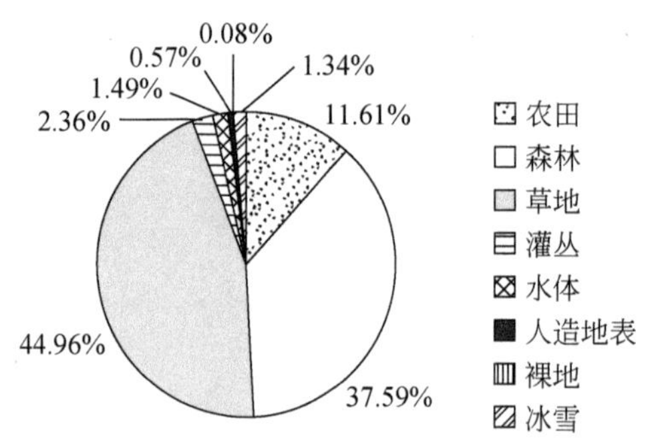

图 2-4　蒙古 2014 年土地覆盖类型面积比例

2.1.2　土地利用程度

土地利用是人类活动作用于自然环境的主要途径之一。土地利用程度主要反映土地利用的广度和深度，它不仅反映了土地利用中土地本身的自然属性，同时也反映了人类因素与自然环境因素的综合效应（王秀兰和包玉海，1999）。本节根据刘纪远、庄大方等提出的土地利用程度综合指数模型来分析蒙古和俄罗斯的土地利用程度空间差异（刘纪远，1992，1996；庄大方和刘纪远，1997）。

土地利用程度数量化的基础是建立在土地利用程度的极限上，土地利用的上限，即土地资源的利用达到顶点，人类一般无法对其进行进一步的利用与开发；而土地利用的下限，即为人类对土地资源开发利用的起点。根据以上特点，可以将 4 种土地利用的理想状态定为 4 种土地利用级，并对 4 种土地利用级赋予其本身类别的值，则得到 4 种土地利用程度的分级指数，如表 2-1 所示。

表 2-1　土地利用程度分级赋值表

类型	未利用土地级	林、草、水用地级	农业用地级	城镇聚落用地级
土地利用类型	未利用地或难利用地	林地、草地、水域	耕地、园地、人工草地	城镇、居民点、工矿用地、交通用地
分级指数	1	2	3	4

表 2-1 中的 4 种土地利用级仅是 4 种理想型，在实际状态下，这 4 种类型都是混合存在于同一地区，各自占据不同的面积比例，并对当地土地利用程度按其自身的权重，作出自己的贡献。据此，土地利用程度的综合量化指标必须在此基础上进行数学综合，形成一个在 1 ～ 4 连续分布的综合指数，其值的大小则综合反映了某一地区的土地利用程度。由此可知，数量化的土地利用程度综合指数是一个威弗 (Weaver) 指数。考虑到地理信息系统中处理的方便，在分级赋值计算的基础上乘上 100，则其计算方法如下：

$$L_a=100\times\sum_{i=1}^{n}A_i\times C_i \quad (2\text{-}1)$$

$$L_a\in(100, 400)$$

式中，L_a 为土地利用程度综合指数；A_i 为第 i 级的土地利用程度分级指数；C_i 为第 i 级土地利用程度分级面积百分比。

根据式（2-1）可知，土地利用程度综合量化指标是一个 100 ～ 400 连续变化的指标。为了使该指标更易于理解，应用以下公式将土地利用程度归一化到 [0，1] 范围内：

$$L_a'=(L_a-100)/300 \quad (2\text{-}2)$$

以土地利用程度综合指数模型为基础，利用 2014 年土地覆盖类型数据，我们计算了蒙古和俄罗斯的土地利用程度指数。蒙古和俄罗斯土地利用程度的空间分布特点主要体现在以下两个方面。

（1）俄罗斯土地利用程度空间差异显著，西南部地区城镇、人口密集，土地利用程度最高，以建设性开发为主。

俄罗斯的土地面积占世界陆地面积的 1/7，是世界上面积最大的国家，土地资源丰富，人均占有量也位居世界前列。俄罗斯的草地、森林和农田面积分别占总国土面积的 44.92%、37.59% 和 11.61%，这三种土地覆盖类型占了总国土面积的 94.12%，土地开发潜力大。根据俄罗斯土地利用程度分布图（图 2-5），俄罗斯土地利用程度普遍为 0.3 ～ 0.4，主要分布在 60°N 以上的草地、森林集中区，土地利用以森林开采和放牧为主。此外，由于该地区所处纬度比较高，部分河湖、岛屿和山脉地区土地利用程度小于 0.3，能利用的可能性很小。俄罗斯土地利用程度大于 0.5 的区域主要分布在俄罗斯西南部，这里城镇、人口密集，土地利用程度最高，以建设性开发为主，该地区是俄罗斯仅有的亚热带地区，也是主要的农作物种植区，热量条件充足，土地利用程度最大。

（2）蒙古土地利用程度普遍较低，中北部首都乌兰巴托和达尔汗城市及周边地区土地建设性开发程度较高。

蒙古国土面积较小，且位于蒙古高原，受大陆气候的影响，全年干燥少雨，土地利用程度普遍很低。通过蒙古土地利用程度分布图（图 2-5），可以看出蒙古土地利用程度普遍低于 0.4。由于南部沙漠广布，其土地利用程度低于 0.2，可见蒙古的荒漠化十分严

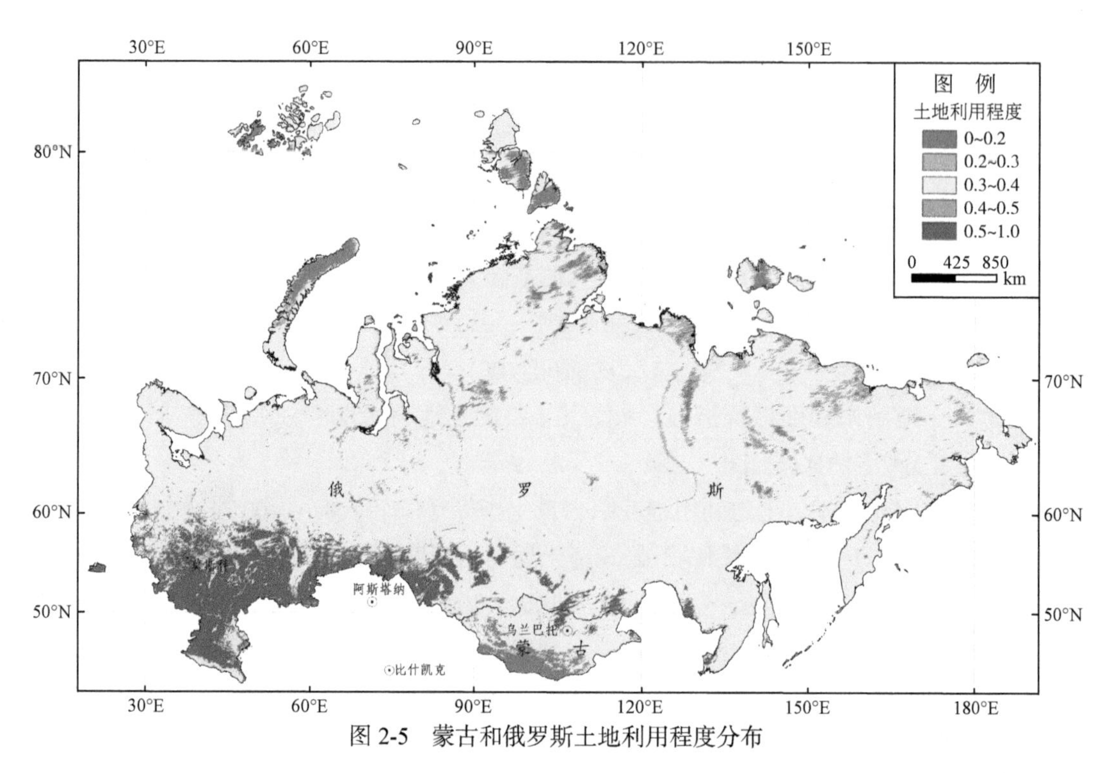

图 2-5 蒙古和俄罗斯土地利用程度分布

重，存在着大规模难以开发利用的土地。受气候和地形影响，蒙古草地主要集中分布在中部地区，主要发展畜牧业。随着草地植被的破坏，南部沙漠化不断推进，蒙古中部地区的土地利用程度为 0.2 ~ 0.4。与俄罗斯相邻的北部地区有色楞格河、鄂尔浑河和克鲁伦河等多条河流注入，水资源相对充分，有草地和森林分布，其土地利用程度在 0.4 以上，其中首都乌兰巴托及城市达尔汗附近区域，由于自然条件相对较好，是建设用地和农田集中分布区，土地利用程度大于 0.5。

2.2 气候资源分布

气候资源通常指光、热、水、风、大气成分等，作为人类生产、生活必不可少的主要自然资源，可被人类直接或间接利用，在一定技术和经济条件下，为人类提供物质及能量。气候资源分为热量资源、光能资源、水分资源、风能资源和大气成分资源等。由于其具有普遍性、清洁性和可再生性，已被广泛应用于国计民生的各个方面，在人类可持续发展中占据重要地位和作用（刘志娟等，2009；杨惜春，2007）。

在各种自然资源中，气候资源最容易发生变化，且变化最为剧烈。有利的气候条件是自然生产力，是资源；不利的气候条件则破坏生产力，是灾害。利用恰当，气候资源可取之不尽，但在时空分布上具有不均匀性和不可取代性。随着工业发展，人口迅速增加，生产也高速发展，气候资源的不足越来越严重（谭方颖等，2009）。社会生产对气候及其变化的敏感性、依赖性日益增强，人类活动对气候的影响也日益显露。在农业生产方面，气候资源丰富的土地被超负荷开发利用，并向气候资源不足的干旱、半干旱地区和坡地扩大种植，引起严重的水土流失和沙漠化。大气污染不但使空气质量恶化，并将造成不可逆转的人为气候变化，因此，气候资源的开发利用和保护是一个关系到社会和国民经济可持续发展的重大战略问题。

当前以“气候变暖”为标志的全球气候变化及其对人类生存环境的严重影响，已经引起了科学家、各国政府与社会各界的广泛关注，20 世纪是全球近千年来增暖最为明显的时期，近 50 年来的变暖速度几乎是近 100 年来的两倍（傅小城等，2011）。全球气候变化是一个不可分割的整体，任何区域的气候状态都要受到大的气候背景的影响，中蒙俄地区也不例外。近 50 年来，中国北方地区、蒙古国和俄罗斯西伯利亚和远东部分地区表现出不同的区域气候变化特征。中国北方地区增温趋势显著，20 世纪 80 年代左右发生了一次气候变暖突变，90 年代以后气温明显升高，但是不同区域、不同季节气候的变化特征并不完全相同，具有各自的特殊性（张翀等，2011）。蒙古国 52 年间（1940 ~ 1991 年），冬季、春季和秋季气温均呈上升趋势，其上升速率高于北半球平均水平，其中冬季上升速率最大（马晓波，1995）。在俄罗斯西伯利亚及远东地区，近几十年来观察到的气候变暖导致极端天气的频率和强度也不断增加。自 1907 年以来，俄罗斯境内平均地表温度上升了 1.3℃，几乎是全球平均水平的 2 倍（徐新良等，2015）。蒙古和俄罗斯地区的气候变化不仅直接影响当地的生态系统演替、资源开发利用和经济建设，而且对全球气候变化及生态平衡也起着极其重要的作用。因此，只有充分认识蒙俄区的气候现状与区域差异，以及气候演变特征，才能在“一带一路”建设中有备无患、从容应对。

本节主要基于气象数据来分析蒙俄区的气候资源分布现状和演变规律。气象数据来源于美国国家气候资料中心（National Climatic Data Center，NCDC)。蒙俄区涉及气象站点 2055 个，其中蒙古国气象站点 75 个、俄罗斯气象站点 1980 个。各气象站点的主要气象要素指标包括平均气温、最高气温、最低气温、降水量、平均风速、最大风速等 1980 年以来的逐日观测数据。在气候资源中，气温和降水是气候要素中两个极为重要的、直接影响着人们的生产、生活的基本要素，是气候变化及其引起诸多环境问题的重要检测指标。为了反映气温和降水时空变化的空间格局，我们在考虑地形高程差异的基础上使用 ANUSPLIN 软件对各气象要素进行了空间插值，获得蒙古和俄罗斯 1 km × 1 km 的气温和降水空间格网数据（Hutchinson，1995，1998a，1998b），然后通过对日气象数据的处理，生成了年（1 ~ 12 月）、春季（3 ~ 5 月）、夏季（6 ~ 8 月）、秋季（9 ~ 11 月）、冬季（12 月至次年 2 月）气温、降水时间序列数据，并对其平均值、最大值、最小值等特征量进行统计分析，获取蒙古和俄罗斯 1980 年以来的平均气温状况及其变化基本特征。

气温、降水时间序列数据分析还采用线性趋势法（汪青春等，2007）和累积距平曲线法。此外，我们还采用常用的Mann-Kendall方法（简称M-K法），对年平均气温、降水量时间序列的长期变化趋势进行显著性检验，当检验值的绝对值大于1.96时，变化趋势可达到95%的信度，被认为存在显著的变化趋势，其中正值表示增大趋势，反之为减小趋势（黄森旺等，2012；王佃来等，2013）。

2.2.1 气温分布格局

气温是植被生长的热量条件，平均气温指一年内气温观测值的算术平均值，气温距平是当年平均气温相比过去多年平均气温的变幅。从年平均气温的分布看，2014年蒙古和俄罗斯气温分布格局特征如下。

1. 俄罗斯地域广阔，南北温差较大，由南向北温度变化呈逐渐递减趋势

由于俄罗斯位于高纬地区，大部分地区处于北温带，正午太阳高度小，接受光照和热量少，所以气温普遍偏低。根据俄罗斯2014年气温分布图（图2-6），俄罗斯南北温差普遍较大，温度变化的总趋势是由西南和东南向北逐渐递减。西南角受黑海和里海的影响，年平均气温大于5℃。俄罗斯大陆内部因地势西北低、东南高，使得西伯利亚受北冰洋影响大，为温带大陆性气候，气温普遍低于0℃。60°N以南的东部沿海地区因太

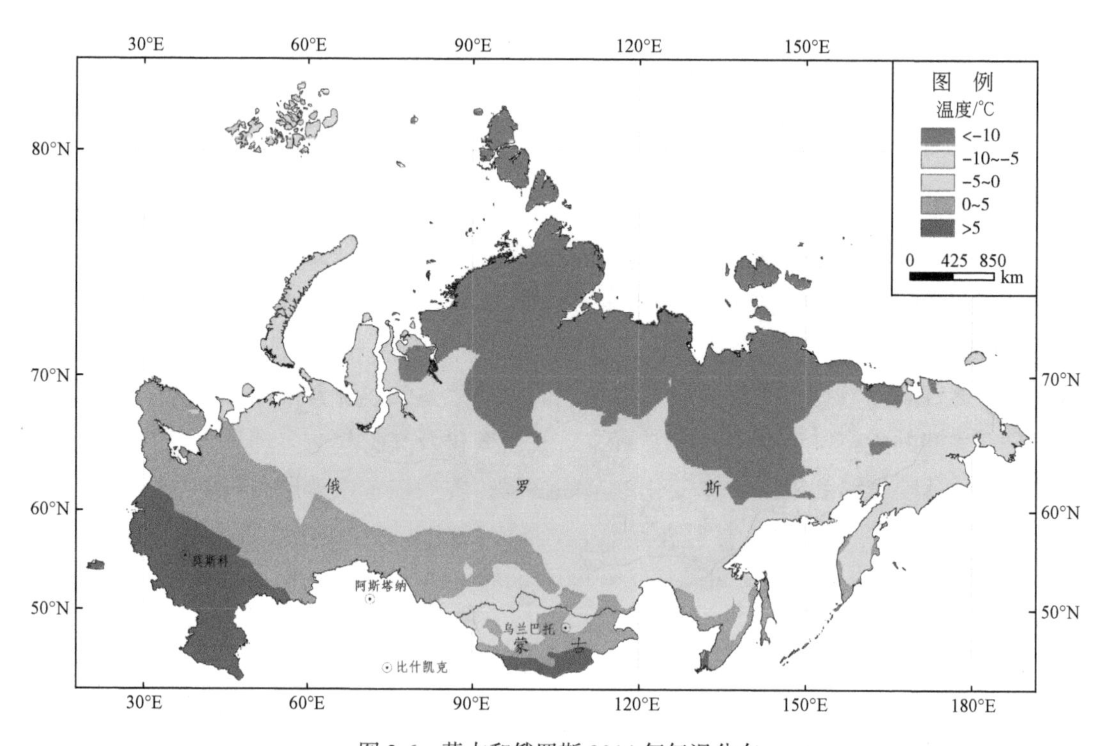

图2-6 蒙古和俄罗斯2014年气温分布

平洋暖流的影响，为温带季风气候，气温在 0℃以上。北部北冰洋沿岸地区纬度最高，受寒带气候的影响气温普遍在 –10℃以下。

2. 蒙古属大陆性温带草原气候，早晚温差大，气温由南向北递减

蒙古地处内陆，自然地理状况对其气候有非常大的影响。蒙古大部分地区属大陆性温带草原气候，早晚温差大，每年有一半以上时间为大陆高气压笼罩，是世界上最强大的高气压中心，为亚洲季风气候区冬季“寒潮”的源地之一。根据 2014 年蒙古气温分布图（图 2-6），气温主要由南向北递减，由于蒙古南部为沙漠戈壁，东部多为丘陵和平原，海拔比较低，2014 年平均气温都在 0℃以上。西部和北部多为山地，气温多在 0℃以下，特别是在查干湖北部的山区，最冷气温可达到 –40℃以下。

2.2.2　水分分布格局

降水是区域水分补给的重要来源，以降雨和降雪为主。降水量指一定时段内（日降水量、月降水量和年降水量）降落在单位面积上的总水量，用毫米深度表示，降水距平是当年降水相比过去多年平均降水的变幅百分比。蒸散（evapotranspire，ET）是土壤植物大气连续体中水分运动的重要过程，包括蒸发和蒸腾，蒸发是水由液态或固态转化为气态的过程，蒸腾是水分经由植物的茎叶散逸到大气中的过程。而水分盈亏是降水与蒸散之间的差值，反映了不同气候背景下大气降水的水分盈余和亏缺特征（嵇涛等，2015）。2014 年蒙古和俄罗斯降水、蒸散和水分盈亏状况的基本特征如下。

（1）俄罗斯降水比较充足，蒸散量较少，大部分地区降水和蒸散均集中在夏季，且降水和蒸散空间分布均呈西多东少的格局，夏季水分亏缺严重。

俄罗斯以温带大陆性气候为主，降水主要集中在夏季，另外俄罗斯西南部为地中海气候，降水主要集中在冬季，西部平原地区秋、冬季节在大西洋暖流影响下，降水量也比较大。2014 年，俄罗斯月降水量为 20 ~ 70mm，降水多集中在夏季 7 月、8 月，月降水量可达到 60mm 以上（图 2-7）。2014 年俄罗斯年降水量约为 513.60mm，并呈现出

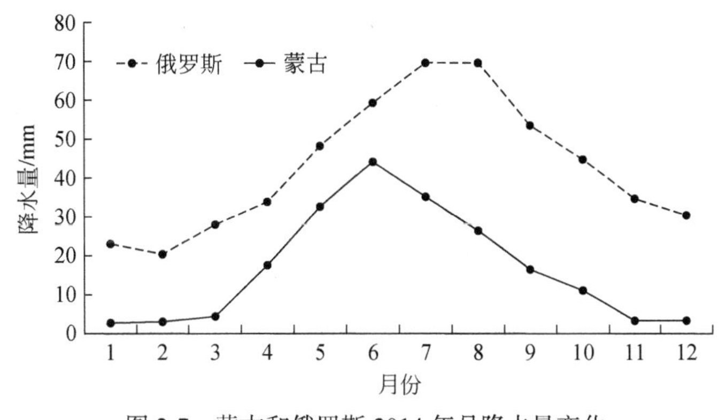

图 2-7　蒙古和俄罗斯 2014 年月降水量变化

西多东少的空间分布格局（图 2-8）。西部受北大西洋暖流的影响，降水量多在 550mm 以上，如东欧平原西部、西西比利亚高原西侧的迎风坡。东部濒临太平洋，但是东部沿海多是山地，阻挡了来自太平洋的大量温暖水汽，只在沿岸的迎风坡形成狭长的夏季多雨区，而背风坡的广大内陆地区降水量多在 450mm 以下。此外，俄罗斯西南部边缘地区和东西伯利亚山地背风坡的大面积地区降水量在 250mm 以下。就全球而言，位于赤道附近的热带雨林区降水量最大，年降水量达到 2000mm 以上，而俄罗斯的年降水量为 150 ~ 1000mm。与热带相比其降水量虽然不多，但由于俄罗斯大部分地区都在 50°N 以上，全年温度偏低，蒸发量较少（图 2-9、图 2-10），年蒸散量约为 414.17mm，再加上俄罗斯人口较少，因此俄罗斯的降水能满足其对水资源的需求。俄罗斯的农田主要集中于西南部，农业灌溉用水主要来自于众多的河流湖泊及高原山地冰雪融水，对降水量的要求相对不高。尽管俄罗斯水分整体上处于盈余状态，但其 2014 年平均盈余量仅为 98.54mm，远小于全球陆地平均水分盈余量 (375 mm)，另外在俄罗斯的西南部和中部腹地也有显著的水分亏缺现象，水分盈亏的分布格局与蒸散的分布格局基本一致（图 2-11）。2014 年俄罗斯 5 ~ 8 月出现水分亏缺，7 月出现最大亏缺 –47.93mm（图 2-12）。

（2）蒙古降水量和蒸发量均较少，且主要集中在夏季，均呈现出由西南向东北逐渐增多的态势。

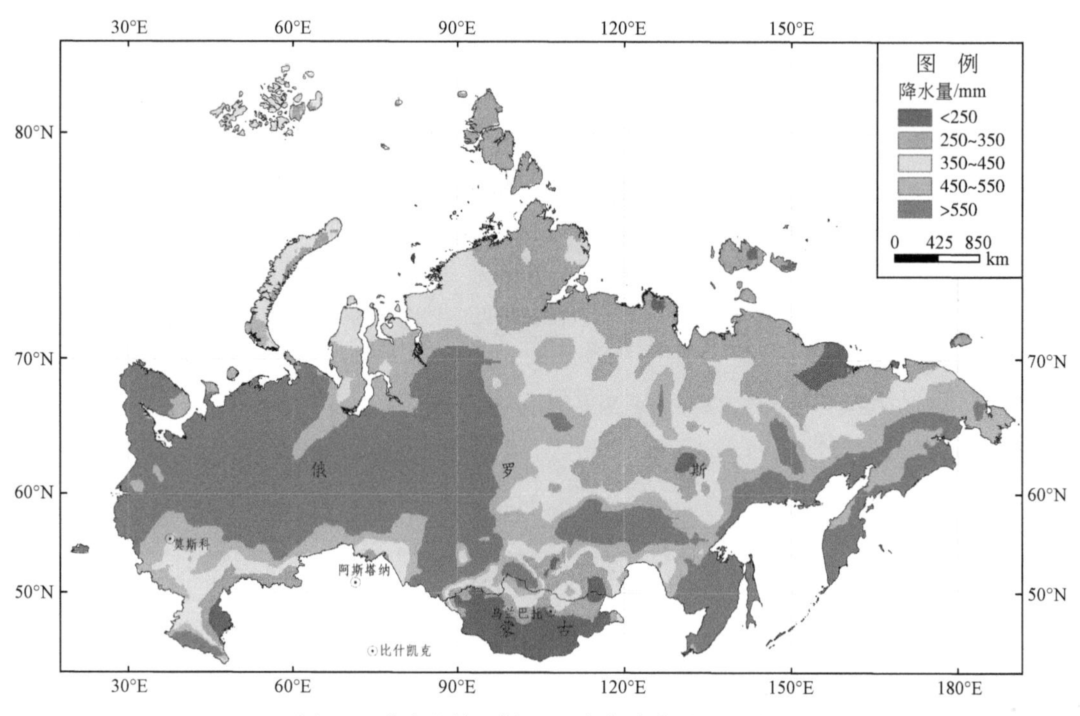

图 2-8　蒙古和俄罗斯 2014 年年降水量空间分布

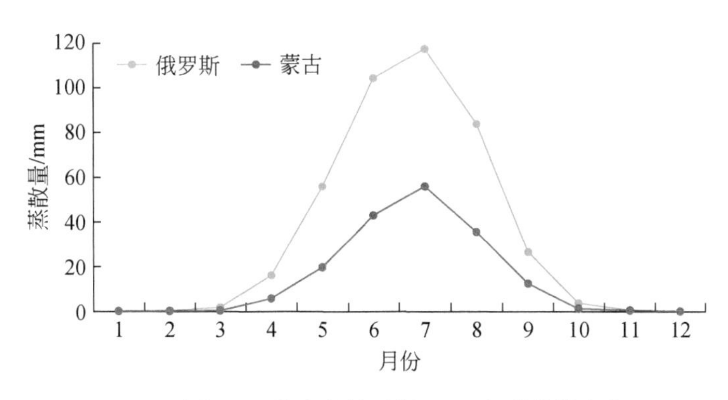

图 2-9　蒙古和俄罗斯 2014 年月蒸散变化

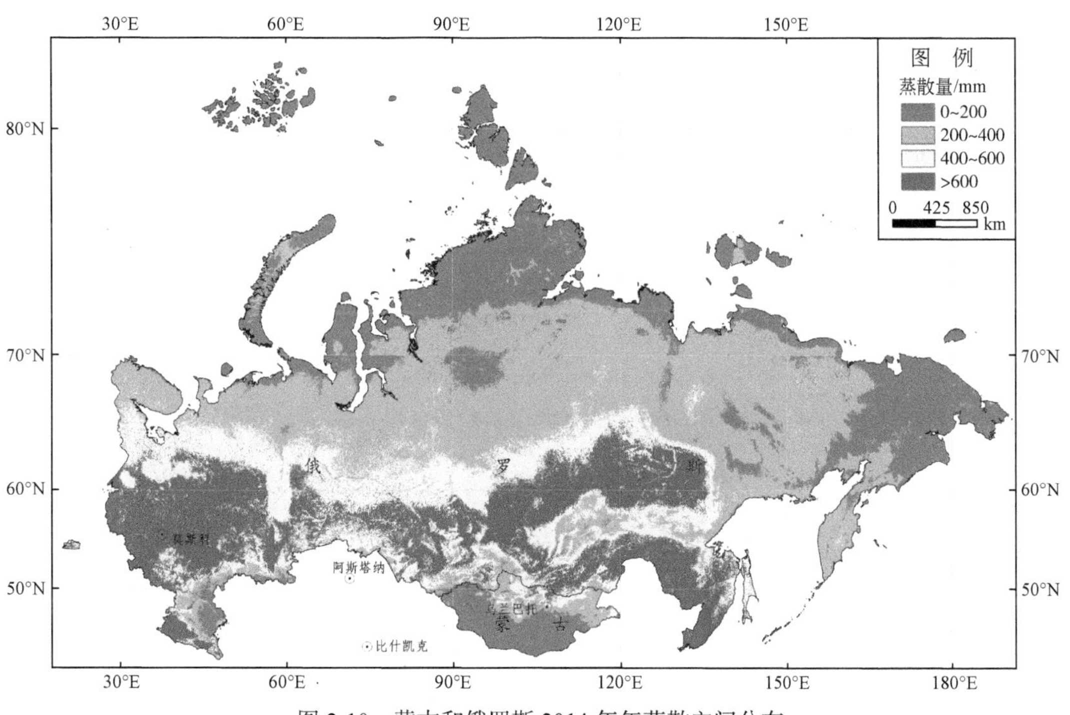

图 2-10　蒙古和俄罗斯 2014 年年蒸散空间分布

蒙古属典型的温带大陆性气候，全年降水量少（约 200mm），由西南向东北逐渐增多，月降水量均在 50mm 以下，主要集中在夏季，其中 6 月降水量最高，约为 45mm，冬季寒冷而干燥（图 2-7、图 2-8）。蒙古的气候受高压影响，除了北部部分区域外，其降水量都在 350mm 以下。因地形和地表植被等因素的影响，西部和南部的大面积区域降水量都在 250mm 以下。蒙古月蒸散量均在 60mm 以下，主要集中在 5 ~ 9 月，其中 7 月蒸散量达到峰值 56mm（图 2-9）。蒙古的蒸散由西南向东北逐渐递增，全国年蒸散量的平均值约为 175.31mm（图 2-10），远低于全球陆地平均蒸散量（410mm）。蒙古

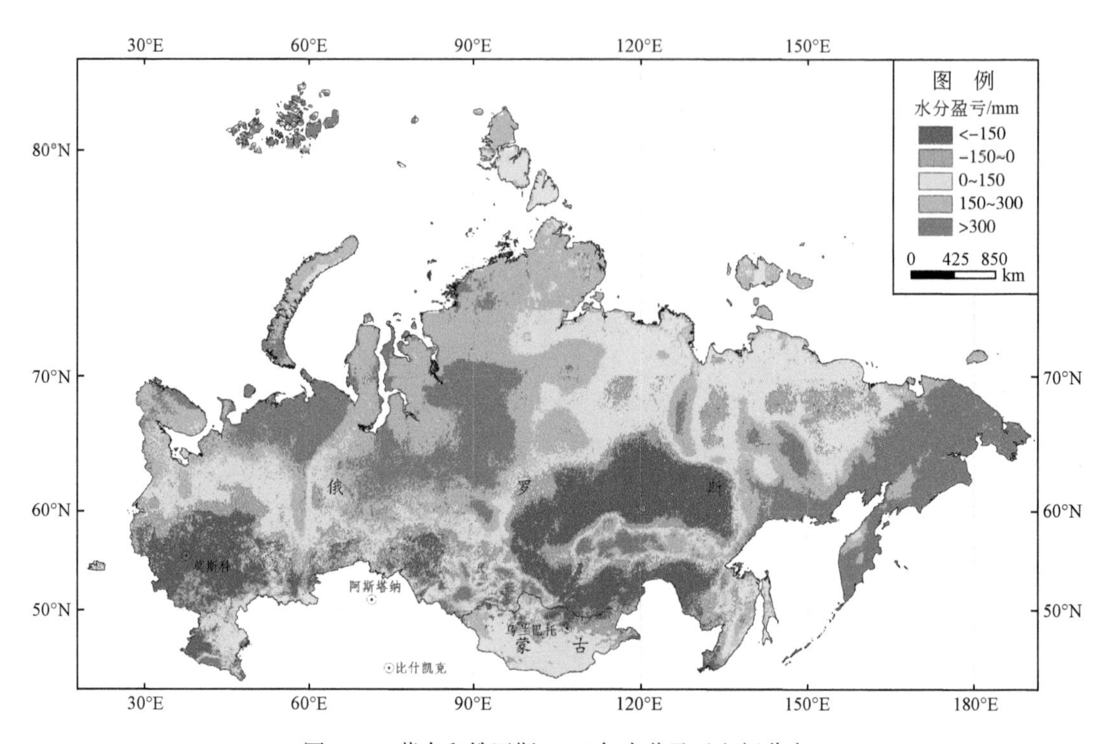

图 2-11 蒙古和俄罗斯 2014 年水分盈亏空间分布

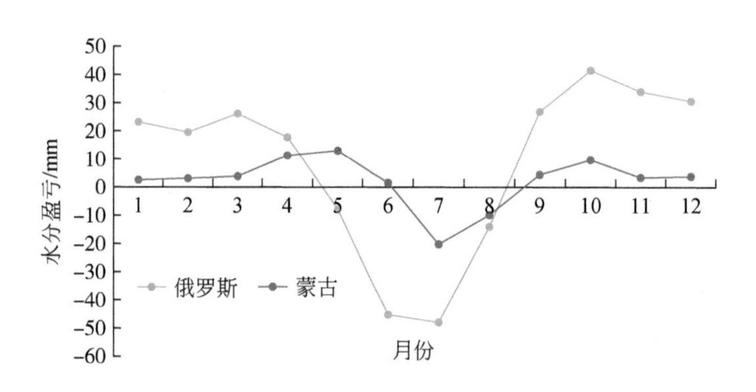

图 2-12 蒙古和俄罗斯 2014 年水分盈亏月变化

的农田集中在北部地区，因降水量少，其水源不能满足灌溉的要求，主要通过南水北调工程，将贝加尔湖的淡水引向蒙古，缓解水资源短缺的问题。蒙古平均水分盈余量仅为 23.69mm，远低于全球陆地平均水分盈余量（375 mm），水分亏缺主要分布在蒙古东北边缘地带，水分盈亏的空间分布与蒸散分布较为类似（图 2-11）。2014 年，蒙古 7 月、8 月出现水分亏缺，其中 7 月出现最大亏缺 −20.73mm（图 2-12）。

2.2.3　蒙俄区南北样带气候变化基本特征

蒙俄区由于南北纬度跨度大，气候纬向地带性分异非常明显。因此，本节选择蒙俄区南北样带，分析近 30 年来气候变化的时空演变特征。这将有利于认识该区域气候现状与空间差异，以及近 30 年的气候演变特征，从而为探索该地区近 30 年来的地理环境状况的变化原因、开展未来气候变化研究提供科学基础。

蒙俄区南北样带的生态系统类型、植被覆盖亦呈明显的纬向地带性条带状分布，由北向南依次可以划分为四大生态地理分区：寒带苔原带、亚寒带针叶林带（泰加林带）、温带草原带、温带荒漠带（图 2-13）。

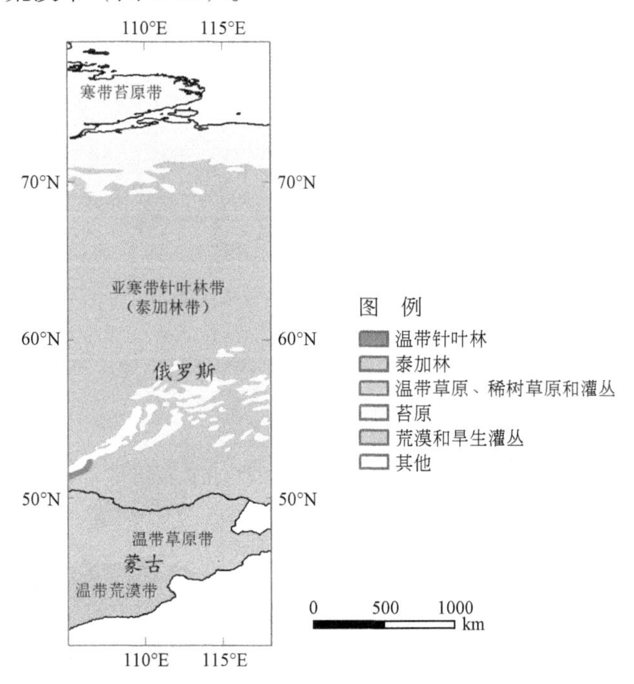

图 2-13　蒙俄区南北样带生态系统类型分布

蒙俄区南北样带生态地理分区的格局特征对该地区水、热分布影响大，使样带内气温与降水也呈现出显著的南北纬向梯度分异特征，自北向南随生态地理分区的演变气温逐步升高，降水量逐步增加（图 2-14）。各生态地理分区的气候特征如下。

（1）寒带苔原带也叫冻原，位于样带最北端，沿北冰洋沿岸分布，气候常年严寒，冬季漫长多暴风雪，夏季短促，长昼长夜，热量不足，年平均温度最低，最暖月的平均温度一般不超过 10℃，最低温度可达 –55℃，多年平均降水量最少，仅为 41.75mm，属于冷干气候；植物的生长季仅 2 ~ 3 个月，年降水量 200 ~ 300 mm。

（2）亚寒带针叶林带（泰加林带）主要分布在寒带苔原带以南，温带草原带以

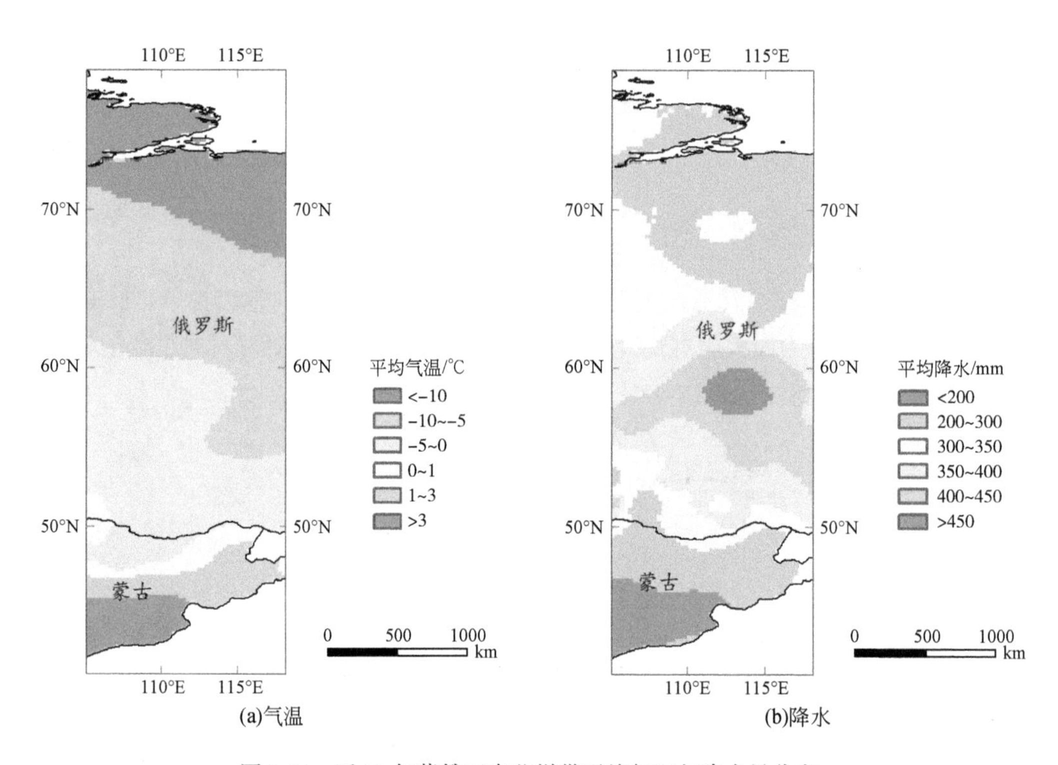

(a)气温　(b)降水

图 2-14　近 30 年蒙俄区南北样带平均气温与降水量分布

北，为蒙俄区分布最为广泛的生态系统类型之一，呈宽阔的带状东西伸展，属于大陆性冷湿气候，冬季气候严寒，持续 6 ~ 8 个月，月平均气温在 0℃以下，绝对最低气温可达 -50 ~ -45℃；夏季平均气温在 10℃以上。

（3）温带草原带是森林到沙漠的过渡地带，分布在西伯利亚泰加林以南，呈东西走向，宽度大，气候类型为温带大陆性半干旱气候（温带草原气候），气候大陆性强，冬季寒冷，1 月平均气温多为 -5 ~ 20℃，夏季较热，7 月平均气温高于 20℃。气温的年较差为 36 ~ 37℃。年降水量为 250 ~ 450mm，主要集中在夏季，6 ~ 9 月降水量占全年的 70% ~ 75%，且多为暴雨，降水量变率较大。

（4）温带荒漠带属于温带大陆性干旱气候，气候十分干燥，降水稀少，年降水量一般在 250 mm 以下，气候干旱，气温变化极端，气温年较差和日较差都很大。

从近 30 年来（1980 ~ 2010 年）气温、降水的变化看，各生态地理分区的气温、降水的演变特征如下。

（1）寒带苔原带温度变化分 4 个阶段（图 2-15）：1980 ~ 1992 年为气温偏冷阶段、1992 ~ 1999 年为气温偏暖阶段、1999 ~ 2006 年再次表现为气温偏冷阶段、2006 ~ 2010 年气温再次呈偏暖阶段。近 30 年寒带苔原带温度变化从 1997 年最高温度到

2004 年最低温度，温度降低了 4.88℃。寒带苔原带降水变化分 3 个阶段：1980 ~ 1993 年降水为偏少阶段，1993 ~ 2004 年降水呈波动变化阶段、2004 ~ 2010 年的降水为偏多阶段。从 1992 年的最少降水量到 2008 年最多降水量，年降水量增加 233.26mm。

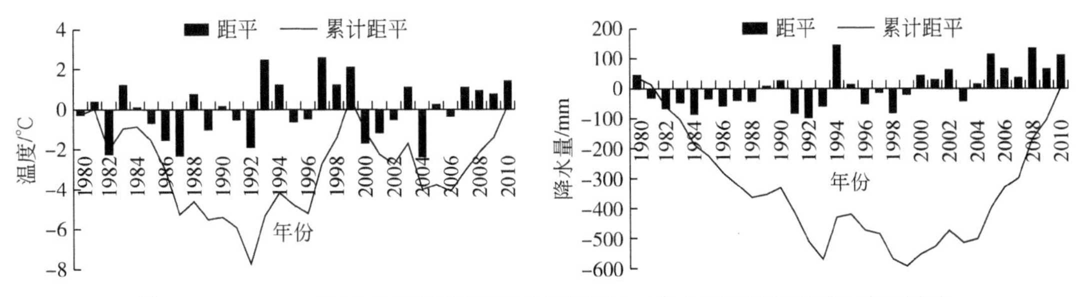

图 2-15 1980 ~ 2010 年寒带苔原带年平均温度、降水距平和累积距平年际变化

（2）亚寒带针叶林带温度变化可分为 2 个阶段（图 2-16）：1980 ~ 1987 年的气温偏冷阶段和 1987 ~ 2010 年的气温偏暖阶段。近 30 年亚寒带针叶林带温度从 1987 年的最低温度到 2007 年的最高温度，温度升高了 4.26℃。降水变化可分为 2 个阶段：1980 ~ 1993 年的降水偏少阶段和 1993 ~ 2010 年的降水偏多阶段。从 1984 年的降水最小值到 2001 年的降水最大值，降水量增加了 254.36mm。

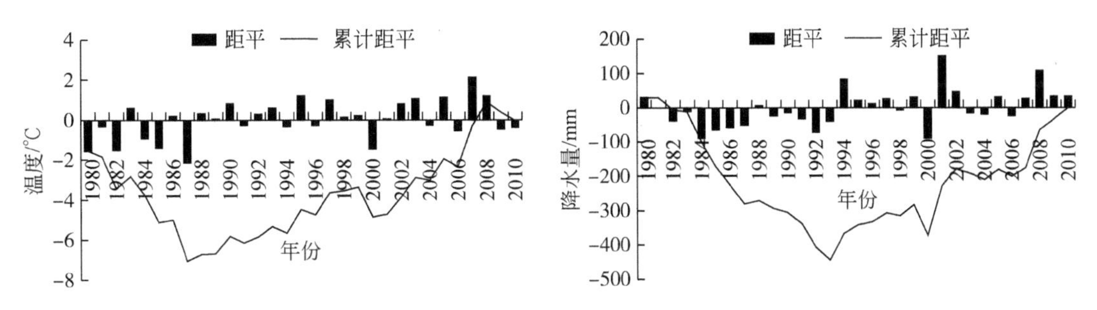

图 2-16 1980 ~ 2010 年亚寒带针叶林带年平均温度、降水距平和累积距平年际变化

（3）温带草原带温度变化可分为 3 个阶段（图 2-17）：1980 ~ 1988 年的气温偏冷阶段、1988 ~ 1996 年的温度波动变化阶段及 1996 ~ 2010 年气温偏暖阶段。从 1984 年的最低温到 2007 年的最高温，气温升高 3.21℃。降水变化可分为 3 个阶段：1981 ~ 1989 年的降水偏少阶段、1989 ~ 1999 年的降水偏多阶段及 1999 ~ 2010 年的降水偏少阶段。从 1992 年的最大降水量到 2005 年的最小降水量，年降水减少 440.94 mm。

（4）温带荒漠带温度变化可分为 2 个阶段：1980 ~ 1996 年的气温偏冷阶段和

1996 ~ 2010 年的气温偏暖阶段（图 2-18）。从 1984 年的最低温到 2007 年的最高温，温度升高了 3.49℃。降水变化可分为 3 个阶段：1981 ~ 1989 年的降水偏少阶段、1989 ~ 1999 年的降水偏多阶段及 1999 ~ 2010 年的降水偏少阶段。从 1999 年的降水量最大值到 2005 年的降水量最小值，年降水量减少了 509.36mm。

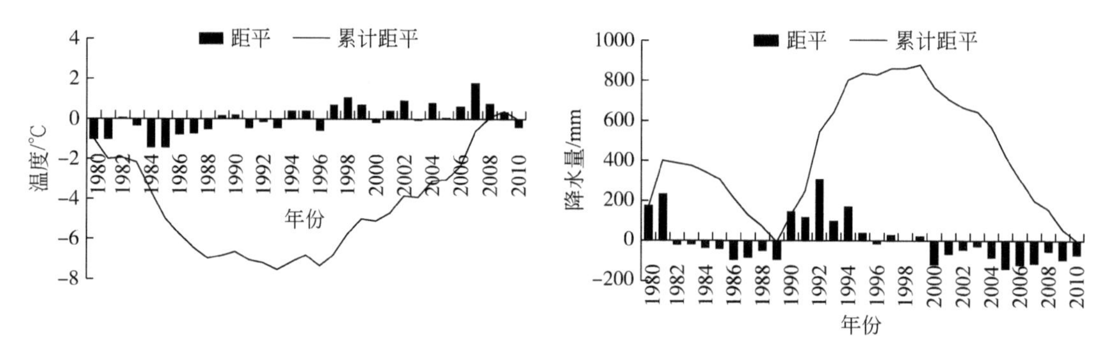

图 2-17　1980 ~ 2010 年温带草原带年平均温度、降水距平和累积距平年际变化

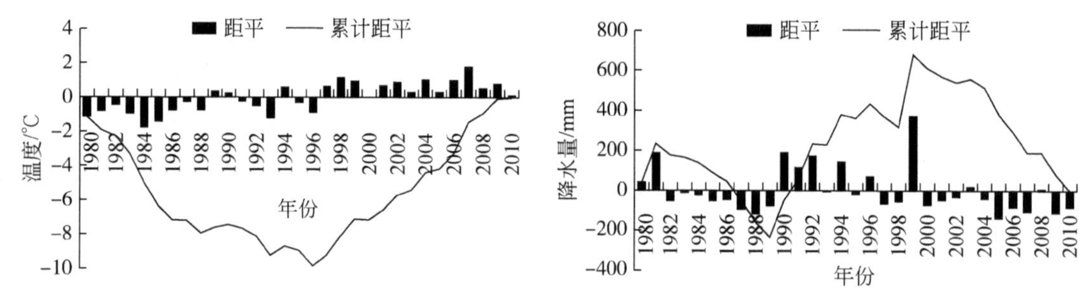

图 2-18　1980 ~ 2010 年温带荒漠带年平均温度、降水距平和累积距平年际变化

（5）从南北样带气温、降水变化的阶段性看（图 2-19），寒带苔原带升温具有一定的滞后性，2006 年后才进入偏暖阶段；北部的寒带苔原带和亚寒带针叶林带分别在 2004 年和 1993 年进入降水偏多阶段，而温带草原带在 1999 年之后进入降水偏少阶段。

寒带苔原带.......偏冷.............1992............偏暖..........1999....偏冷....2006...偏暖....2010

亚寒带针叶林带...偏冷.... 1987..........................偏暖...2010

温带草原带.......偏冷......... 1988............波动....1996..............偏暖..................2010

温带荒漠带.......偏冷.................................1996..............偏暖..................2010

(a)气温

寒带苔原带.......偏少.............1993............波动..........2004....偏多..................2010

亚寒带针叶林带...偏少............ 1993............偏多...2010

温带草原带.......偏少.....1989................偏多....1999..............偏少..................2010

温带荒漠带.......偏少.....1989................偏多....1999..............偏少..................2010

(b)降水

图 2-19　近 30 年蒙俄区南北样带年平均气温和年降水变化阶段性特征

（6）从整体看，蒙俄区南北样带温度变化整体呈现升温态势，其中亚寒带针叶林带西北部和南部、温带草原带中部为显著升温区（图 2-20）。其中亚寒带针叶林带南北两端、温带草原带地区的升温最为明显，温度倾向率在 0.1℃ /a 以上。降水变化区域分异明显，水量变化倾向率小于 –5 mm/a 的地区多表现为显著性减少，主要分布于中部地区温带草原带。年降水量变化倾向率大于 5 mm/a 的地区多表现为显著增加区，主要分布于苔原带西部、亚寒带针叶林带西北部和南部。

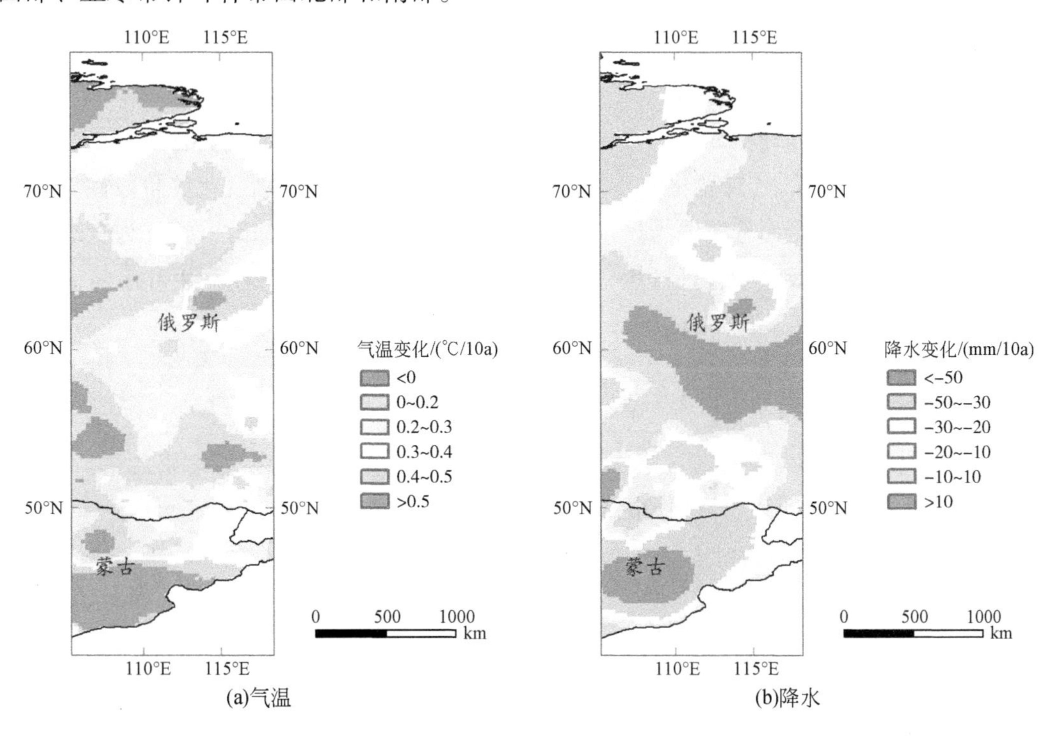

图 2-20　1980 ~ 2010 年蒙俄区南北样带年平均气温和降水量变化倾斜率空间分布

可见，在全球气候变暖的背景下，蒙俄区南北样带正经历着气温整体上升，降水变化区域分异的演变过程。近 30 年来气温、降水的变化特征可以归纳为以下三个方面。

（1）蒙俄区南北样带气温与降水南北纬向梯度分异明显，自北向南气温逐步升高，降水量逐步增加。最北端的寒带苔原带年平均温度最低，多年平均降水量最小，属于冷干气候；最南端的温带混交林带年平均气温最高，年降水量也最大，属于暖湿气候。

（2）1980 ~ 2010 年蒙俄区南北样带温度变化整体以升温态势为主，整体在 1996 年以后进入偏暖阶段，但寒带苔原带升温具有一定的滞后性，在 2006 年后才进入偏暖阶段。亚寒带针叶林带西北部和南部、温带荒漠带、温带草原带中部，以及温带混交林带西部为显著升温区，年升温速率在 0.05℃ /a 以上。

（3）近30年来蒙俄区南北样带降水变化整体表现为南减北增的空间分异格局，南部在1999年后进入偏少阶段，但北部却在2004年后进入降水偏多阶段。温带草原带、温带荒漠带及温带混交林带西南部地区，降水以显著减少为主，年降水量减少速率在5mm/a以上；寒带苔原带西部、亚寒带针叶林带西北部和南部，以及温带混交林带东南部地区降水呈显著增加趋势，年降水量增加速率在5mm/a以上。

蒙俄区空间范围广大，地形复杂，气候变化的局地性和空间分异较强。20世纪90年代以来南北样带的增温，尤其是高纬度地区的增温普遍比较明显。冬季变暖夏季变凉是蒙古及北半球50年来的气候变化特点之一。南北样带降水的变化整体表现为南减北增的空间分异格局，但这种格局在不同地区表现并不相同。作为全球气候变化的窗口，蒙俄区南北样带近30年的气候变化时空特征分析，尤其是气温和降水变化的阶段性，以及空间分异特征不仅为研究分析该地区的生态环境演变提供了科学基础，而且为全球变化背景下，指导蒙古和俄罗斯合理开展“一带一路”沿线区域资源开发利用和经济活动适应气候变化的影响提供了有益的参考。

2.3 主要生态资源分布

蒙俄区地理跨度大，生态资源丰富，本节主要对农田、森林和草地生态资源进行分析，揭示蒙俄区主要生态资源的时空分布特点和规律。

2.3.1 农田生态系统与农作物

农田是人类赖以生存的基本资源和条件，也是农业生产的基本条件。食物是人类最基本的生活资料，而食物是由农业生产的。因此，无论是过去和可以预见的未来，农业都是人类的衣食之源和生存之本。同时，农业是社会分工和国民经济其他部门成为独立的生产部门和进一步发展的基础。进入21世纪，人口不断增多所带来的资源环境压力同耕地逐渐减少的矛盾逐渐恶化，要保持农业可持续发展首先要确保耕地的数量和质量，进而在此基础上大力提高耕地的产出。

农作物产量是反映农田生态资源的关键指标。本节分析蒙俄区农田作物产量主要采用以下计算方法。作物总产量中，基于上一年度的作物产量，通过对当年作物单产和面积相比于上一年变幅的计算，估算当年的作物产量。计算公式如下：

$$总产_i = 总产_{i-1} \times (1+\Delta 单产_i) \times (1+\Delta 面积_i) \tag{2-3}$$

式中，i为关注年份，$\Delta 单产_i$和$\Delta 面积_i$分别为当年单产和面积相比于上一年的变化比率。

各种作物的总产通过单产与面积的乘积进行估算，公式如下所示：

$$总产 = 单产 \times 面积 \tag{2-4}$$

单产的变幅是通过建立当年的NDVI与上一年的NDVI时间序列函数关系获得。计算公式如下：

$$\Delta 单产_i = f(\mathrm{NDVI}_i,\ \mathrm{NDVI}_{i-1}) \qquad (2\text{-}5)$$

式中，NDVI_i，NDVI_{i-1} 为当年和上一年经过作物掩膜后的 NDVI 序列空间均值。综合考虑各个国家不同作物的物候，可以根据 NDVI 时间序列曲线的峰值或均值计算单产的变幅。

耕地复种指数（cropping index，CI）是影响作物产量的重要因素。复种指数是指在同一田地上一年内接连种植两季或两季以上作物的种植方式。复种指数是描述耕地在生长季中利用程度的指标，能够反映耕地的利用强度，通常以全年总收获面积与耕地面积比值计算，也可以用来描述某一区域的粮食生产能力。农田作物总产量的计算考虑了复种指数的影响。复种指数采用经过平滑后的 MODIS 时间序列 NDVI 曲线，提取曲线峰值个数、峰值宽度和峰值等指标，计算耕地复种指数，利用中国境内监测站点验证，总体精度为 96%。

从监测结果看，蒙古和俄罗斯农田生态系统与农作物的分布特征如下。

（1）俄罗斯是一个传统的农业国，农业发展落后，尽管农业区土地平坦、肥沃、空间分布广阔，但粮食仍不能自给，还需大量进口。

俄罗斯的农作物主要分布在西部的东欧平原和西南部的顿河流域，农田面积约为 188.77 万 km^2，占国土面积的 11.61%，人均面积约为 1.32 hm^2/ 人，主要农作物有小麦、马铃薯、向日葵、甜菜、亚麻等。因纬度比较高，俄罗斯的农作物以一年一熟的种植模式为主，主要分布在俄罗斯的西南部地区。从全球主要农作物遥感估产结果看，2014 年俄罗斯玉米产量为 1176 万 t，与 2013 年相比总产量基本持平，小麦总产量为 5327 万 t，较 2013 年增产 2.3%，大豆 151 万 t，较 2013 年减产 7.8%。俄罗斯农业发展的潜力是巨大的，但热量条件是限制农业发展的主要因素。近几年俄罗斯农业生产总值累计增长了 20%。

（2）畜牧业是蒙古国的传统产业，农业并非国民经济的支柱产业，但关系国计民生，农业产值约占农牧业总产值的 20%。

蒙古的农田主要分布在北部地区，农田面积约为 5 万 km^2，占国土面积的 3.44%，人均面积约为 220km^2/ 万人，农作物以小麦、土豆为主，主要分布在中央省、色楞格省、布尔干省等乌兰巴托以北的河谷地区。农业从业人口仅 6 万人，占社会就业的 6%，农业产值约占农牧业总产值的 20%。

2.3.2　森林生态系统

蒙俄区的森林资源比较丰富，在森林生态资源监测中，我们采用以下几个指标来分析其资源状况，包括植被最大叶面积指数（max leaf area index，MLAI）、植被净初级生产力（net primary productivity，NPP）及森林地上生物量等。

叶面积指数，又称叶面积系数，是指单位土地面积上植物所有叶片单面面积之和。即：叶面积指数 = 叶片总面积 / 土地面积。植被最大叶面积指数指某一段时间内叶面积指数达到的最大值。叶面积指数是生态系统的一个重要结构参数，用来反映植物叶面数量、冠层结构变化、植物群落生命活力及其环境效应，为植物冠层表面物质和能量交换的描述提供结构化的定量信息，并在生态系统碳积累、植被生产力和土壤、植物、大气间相互作用的能量平衡，植被遥感等方面起重要作用（谭一波和赵仲辉，2008；程武学等，2010）。卫星遥感方法为大范围研究 LAI 提供了有效的途径。目前主要有 2 种遥感方法用来估算叶面积指数，一种是统计模型法，主要是将遥感图像数据如归一化植被指数（NDVI）、比植被指数（RVI）和垂直植被指数（PVI）与实测 LAI 建立模型。这种方法输入参数单一，不需要复杂的计算，因此成为遥感估算 LAI 的常用方法。但不同植被类型的 LAI 与植被指数的函数关系会有所差异，在使用时需要重新调整、拟合。另一种是光学模型法，它基于植被的双向反射率分布函数，是一种建立在辐射传输基础上的模型，它把 LAI 作为输入变量，采用迭代的方法来推算 LAI。这种方法的优点是有物理模型基础，不受植被类型的影响，然而由于模型过于复杂，反演非常耗时，且反演估算 LAI 过程中有些函数并不总是收敛的（方秀琴和张万昌，2003）。叶面积指数是植被结构参数，而遥感观测为光谱信号，遥感反演是基于两者之间的关系模型来实现光谱信号和植被参数之间的转换。由于植被结构和生物物理特性的多样性、冠层和大气辐射传输过程的复杂性，这种转换存在很大的不确定性（刘洋等，2013）。本节分析采用的 LAI 数据，是集成时间序列的多种遥感观测数据，生产的时空连续的长时间序列的高精度 LAI 产品。算法采用广义神经网络模型（GRNNs），利用高精度的 LAI 样本数据作为网络的训练样本集，经过预处理的反射率数据作为模型的输入数据，通过高性能计算集群自动化地完成叶面积指数产品的生产。在全球范围内选择包含各种地表类型的 14 个典型站点，进一步对 LAI 产品的时间一致性进行检验。结果表明：LAI 相对比较平滑，在时间序列上的变化具有很好的连续性。

植被净初级生产力是反映植被固碳能力的指标之一，是评估植被固碳能力和碳收支的重要参数，指绿色植物在单位时间、单位面积上所累积的有机物数量，是由光合作用所产生的有机质总量中扣除自养呼吸后的剩余部分。NPP 数据产品是根据遥感数据获取，经与 MODIS 同类产品进行交叉验证，精度较高，而且时间分辨率更高，能够反映出植被生产力更加细微的时间变化情况。

森林地上生物量是森林生态系统最基本的数量特征，指某一时刻森林活立木地上部分所含有机物质的总干重，包括干、皮、枝、叶等分量，用单位面积上的重量表示。用森林地上生物量生长量表示一定时间内单位面积森林地上生物量的净增加量。森林生物量不仅是估测森林碳储量和评价森林碳循环贡献的基础，也是开展森林生态功能评价的重要参数（何红艳等，2007）。森林植被的NPP作为地表碳循环的重要组成部分，不仅直接反映了植被群落在自然环境条件下的生产能力，表征陆地生态系统的质量状况，而且是判定生态系统碳源/汇和调节生态过程的主要因子，在全球变化及碳平衡中扮演着重要的作用（黄夏等，2013）。与传统方法比较，遥感具有宏观、综合、动态、快速的特点，能够更接近真实的估算出森林植被NPP值（冯险峰等，2014）。利用遥感估算植被NPP主要依据植被的反射光谱特征。近几十年来，森林NPP研究经历了站点实测、统计回归及模型估算等阶段。基于站点观测的传统生态学研究方法，在大区域NPP估算中存在局限性。而在模型估算研究中，遥感数据的引进已经成为一个重要的发展方向。遥感作为地球表面信息获取的有力手段，可以获取多种地表参数，这些参数可以为陆地净初级生产力的估算提供丰富的数据（林文鹏等，2008）。2014年森林生物量产品是通过遥感反演获取的，使用的基础数据源主要包括星载激光雷达GLAS数据、全球生态区划矢量数据、光学遥感MODIS数据。通过计算样地生物量、计算GLAS光斑点生物量、基于SVR全球地上生物量建模、基于BEPS模型更新获得森林生物量，并根据森林生物量计算森林碳储量。生产的森林生物量和碳储量空间分辨率为1km，覆盖范围为60°S ~ 80°N。

通过监测分析，蒙古和俄罗斯森林生态系统的典型特征如下。

（1）俄罗斯森林资源丰富，分布有世界上面积最大的亚寒带针叶林；蒙古森林资源很少，主要为温带落叶阔叶林。

俄罗斯是世界森林资源最丰富的地区之一。因纬度较高，气候严寒而漫长，俄罗斯分布有世界上面积最大的亚寒带针叶林。另外东部的东西伯利亚地区大陆性气候明显，分布有大面积的兴安落叶松林。由于地形、气候条件空间差异显著，俄罗斯森林资源分布不均匀。俄罗斯森林资源主要分布在西伯利亚地区、西北和远东各联邦区。其中，乌拉尔山脉以东广袤的亚洲地区，即西伯利亚和远东地区的森林储量占俄罗斯森林总储量的60%。2013年俄罗斯森林总面积为637万km^2，占国土面积的37.59%，人均面积约为440km^2/万人。

蒙古森林资源很少，且全部属于国有，主要为温带落叶阔叶林。蒙古政府注重森林资源与环境的保护，不再允许皆伐，但仍可进行择伐，采伐企业每采伐1棵树，必须植树3 ~ 5棵，对未达到要求的将会予以处罚。2013年蒙古的森林面积为7万km^2，占国土面积的4.49%，人均面积约为280km^2/万人。

（2）蒙古和俄罗斯森林LAI和NPP空间分布差异显著，2005年以来年最大LAI变化不明显。

俄罗斯森林年最大 LAI 的分布有着明显的地域差异，2013 年年最大 LAI 大于 4 的地区面积占全国森林总面积的 39.27%，主要集中分布在俄罗斯中南部地区（表 2-2、图 2-21）。而蒙古森林年最大 LAI 在 0 ~ 3 的地区分布最广，占全国森林总面积的 64.53%，主要分布在蒙古北部边缘山区。

表 2-2　蒙古和俄罗斯 2013 年森林年最大 LAI 分布

LAI	俄罗斯		蒙古	
	面积 /km^2	比例 /%	面积 /km^2	比例 /%
0 ~ 3	1350537	21.27	45319	64.53
3 ~ 3.5	1094178	17.23	8502	12.11
3.5 ~ 4	1410848	22.22	11058	15.75
＞4	2493402	39.27	5341	7.61

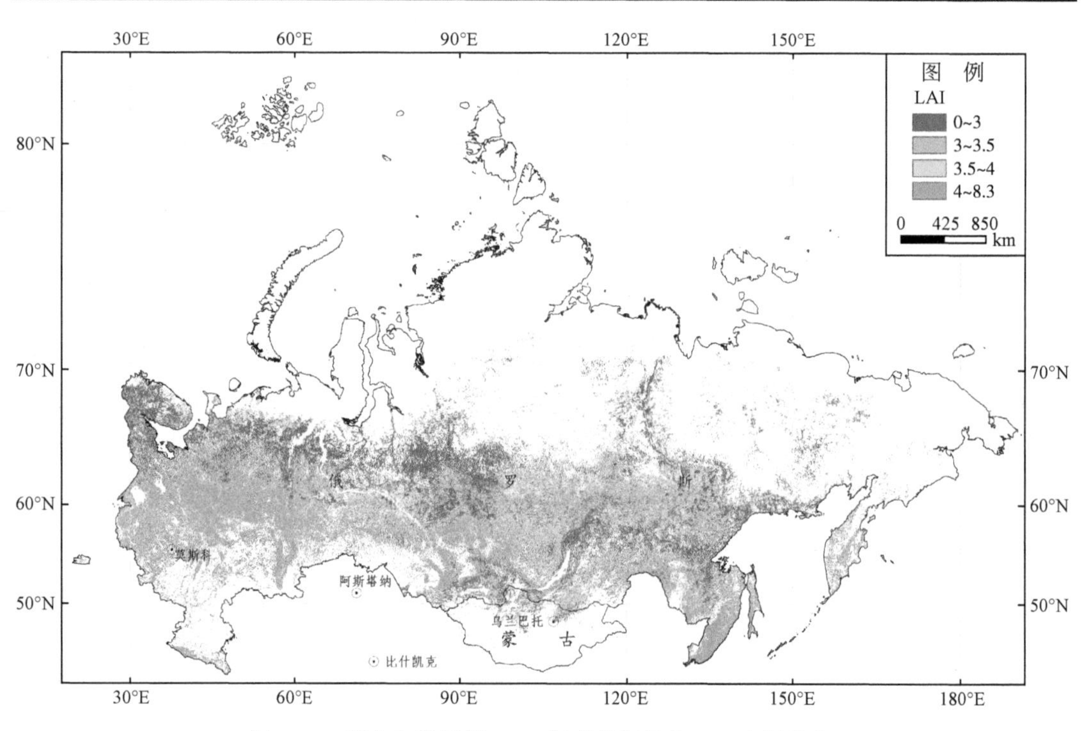

图 2-21　蒙古和俄罗斯 2013 年森林年最大 LAI 空间分布

2005 ~ 2013 年俄罗斯森林 LAI 年最大值主要为 3.5 ~ 3.8，呈现出轻微的下降趋势，到 2013 年降至最低值 3.6（图 2-22）。蒙古的森林分布面积比较少，再加上人类活动的影响，

2005 ~ 2013 年其森林 LAI 年最大值主要为 2.5 ~ 2.7，呈现出波动式的轻微下降。2012 年 LAI 年最大值降至最低值 2.4，2013 年又回升至 2.6。

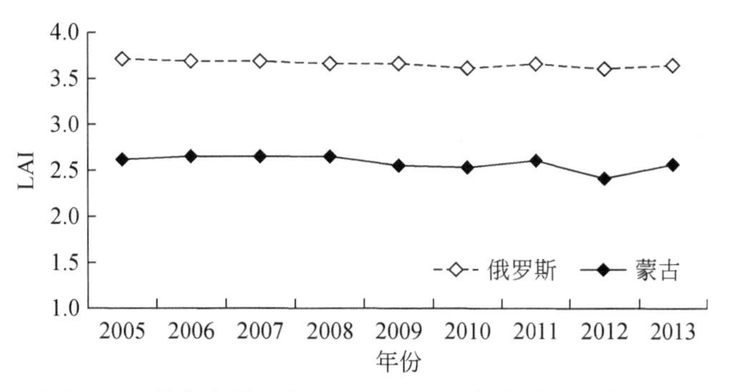

图 2-22　蒙古和俄罗斯 2005 ~ 2013 年森林 LAI 年际变化

俄罗斯森林广布，其中 2014 年森林 NPP 大于 250gC/m^2 的地区面积比例约为 10%，主要分布在俄罗斯南部光热条件比较好的地区。而 NPP 为 150 ~ 250gC/m^2 的地区面积比例约占俄罗斯森林总面积的一半，主要分布在 60°N 附近森林分布比较集中的地区（表 2-3、图 2-23）。蒙古森林面积较小，森林生态系统比较脆弱，其中森林 NPP 小于 100gC/m^2 的地区面积比例为 46.64%，而森林 NPP 大于 250gC/m^2 的地区面积比例占蒙古森林总面积的 14.24%，主要分布在蒙古北部地区。

表 2-3　蒙古和俄罗斯 2014 年森林 NPP 分布

NPP /(gC/m^2)	俄罗斯		蒙古	
	面积 /km^2	比例 /%	面积 /km^2	比例 /%
< 100	1406429	22.08	32946	46.64
100 ~ 150	904037	14.19	9651	13.66
150 ~ 200	1679416	26.37	4590	6.50
200 ~ 250	1741899	27.35	13396	18.96
> 250	637138	10.00	10062	14.24

（3）蒙古和俄罗斯地区森林地上生物量呈现出西部高、中部低的空间分布格局。

从 2014 年蒙古和俄罗斯森林地上生物量空间分布看（图 2-24），俄罗斯的森林地上生物量平均值约为 89 t/hm^2，其中俄罗斯中部地区的森林地上生物量多在 80t/hm^2 以下，而西部地区的森林地上生物量多在 100t/hm^2 以上。相比之下，蒙古的森林地上生物量偏低，平均值约为 70t/hm^2。

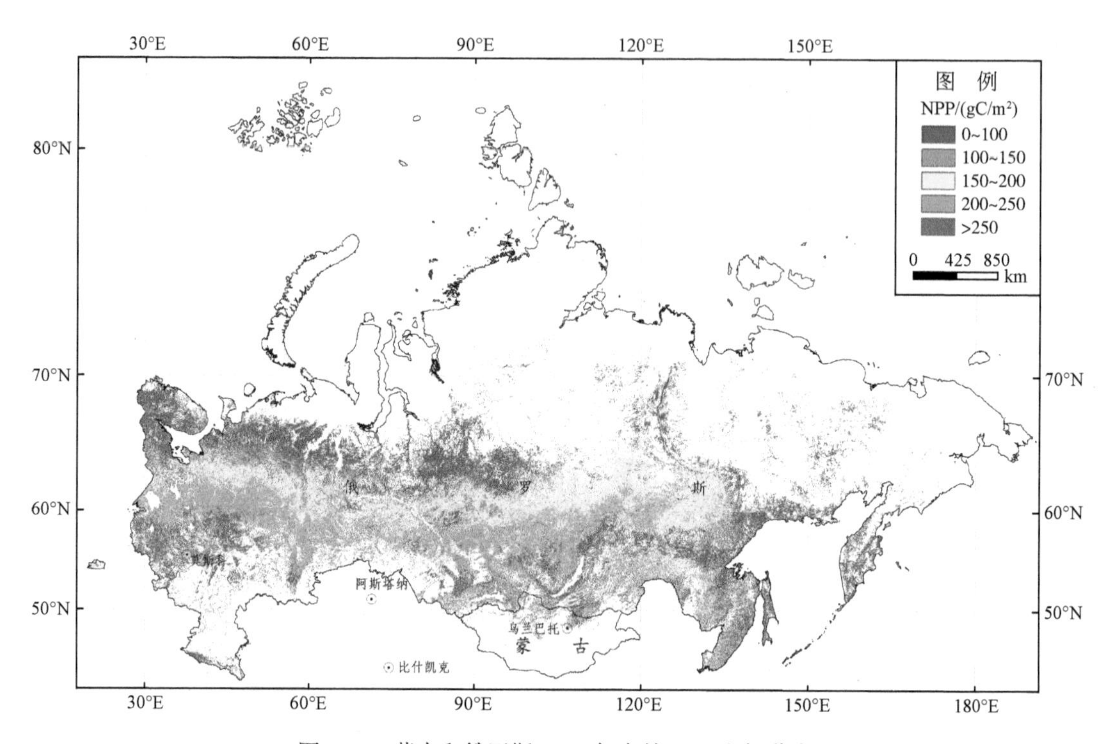

图 2-23 蒙古和俄罗斯 2014 年森林 NPP 空间分布

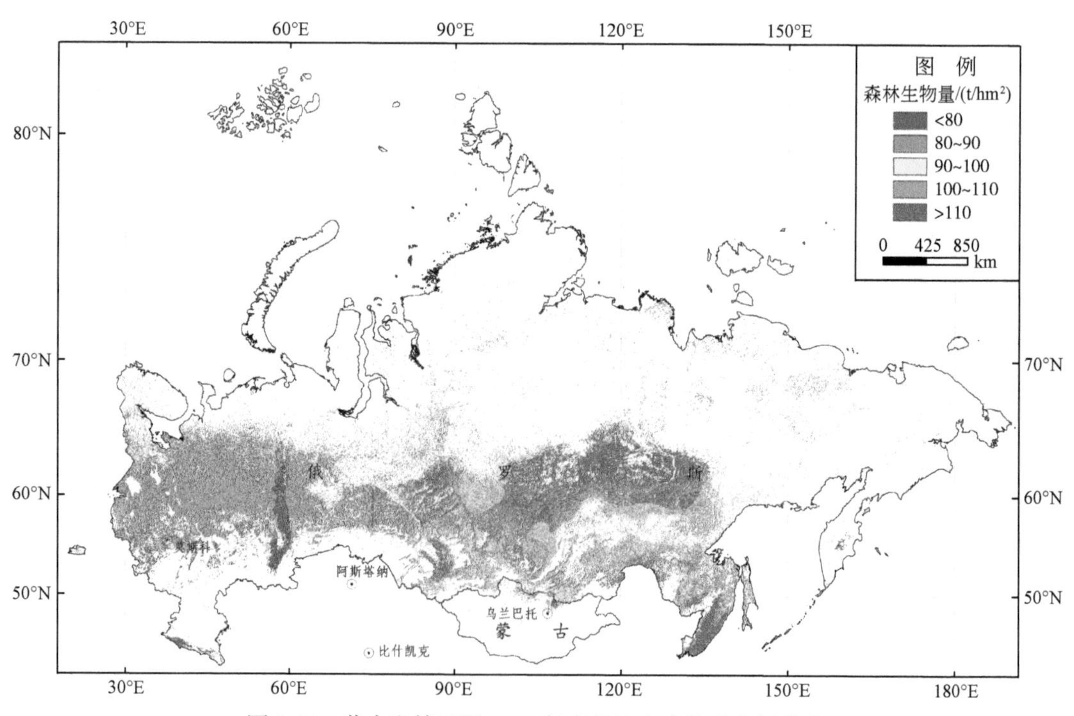

图 2-24 蒙古和俄罗斯 2014 年森林地上生物量空间分布

2.3.3 草地生态系统

蒙俄区草地分布广泛，在草地生态资源监测中，我们采用了植被覆盖度（fractional vegetation cover， FVC）、LAI、NPP 3 个指标。其中 FVC 通常定义为植被在地面的垂直投影面积占统计区总面积的百分比（牛宝茹等，2005），是指示生态环境状态的重要参数，在植被变化监测、生态环境调查与评价、水土保持等诸多研究领域都有广泛的应用（江洪等，2006）。本节分析采用的 FVC 是基于 MODIS 数据计算的，计算方法如下：

$$\mathrm{VFC} = (\mathrm{NDVI} - \mathrm{NDVI}_{soil}) / (\mathrm{NDVI}_{veg} - \mathrm{NDVI}_{soil}) \tag{2-6}$$

式中，NDVI_{soil} 为完全是裸土或无植被覆盖区域的 NDVI 值；NDVI_{veg} 则为完全被植被所覆盖的像元的 NDVI 值，即纯植被像元的 NDVI 值。

从遥感监测结果看，蒙古和俄罗斯草地生态系统的主要特征如下：

（1）草地是蒙古和俄罗斯的主要土地覆被类型，草地 FVC 空间差异明显，2001 年以来俄罗斯草地覆盖度变化不大，而蒙古草地植被覆盖度变化呈现先下降后上升的时间差异性。

2014 年俄罗斯的草地面积约为 754 万 km^2，草地植被覆盖度在 2014 年的年最大值为 39.36%，约有一半的草地 FVC 大于 40%，多分布在俄罗斯的中部地区（表 2-4、图 2-25）。2001 ~ 2013 年俄罗斯的草地 FVC 年最大值主要在 36% 附近波动，2001 年为 36.4%，2013 年增长到 36.8%。总的来说，俄罗斯草地 FVC 变化不显著（图 2-26）。

2014 年蒙古的草地面积有 110 万 km^2，草地 FVC 最大值平均为 18.32%，超过一半的草地 FVC 小于 20%，多集中在蒙古的中央腹地。可见，蒙古草地 FVC 整体上低于俄罗斯。2001 ~ 2013 年蒙古的草地 FVC 年最大值为 12% ~ 20% 波动，2001 ~ 2007 年草地 FVC 主要呈下降趋势，2007 年降至最低，为 14.32%；2007 ~ 2013 年不断上升，2013 年升至 19.60%。

表 2-4　蒙古和俄罗斯 2014 年草地年最大 FVC 分级面积统计表

FVC /%	俄罗斯		蒙古	
	面积 /km^2	比例 /%	面积 /km^2	比例 /%
< 20	985550	13.07	669614	61.04
20 ~ 30	1423490	18.88	235226	21.45
30 ~ 40	2145886	28.46	102178	9.32
40 ~ 50	1323555	17.55	48998	4.47
> 50	1662697	22.05	40796	3.72

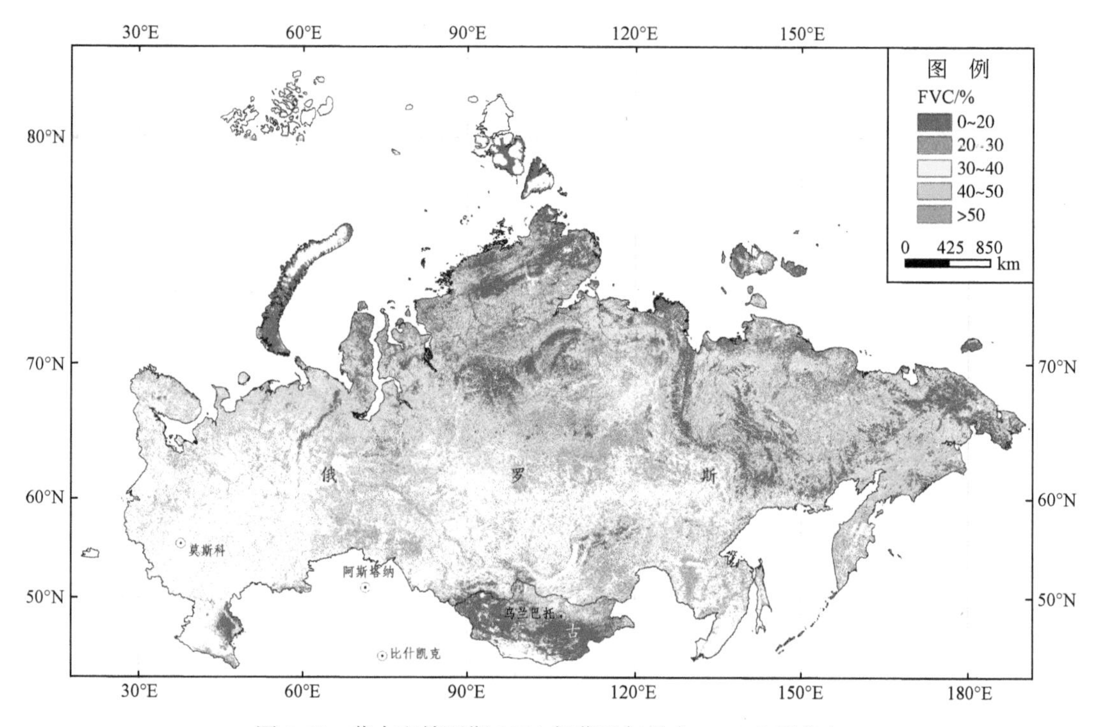

图 2-25 蒙古和俄罗斯 2014 年草地年最大 FVC 空间分布

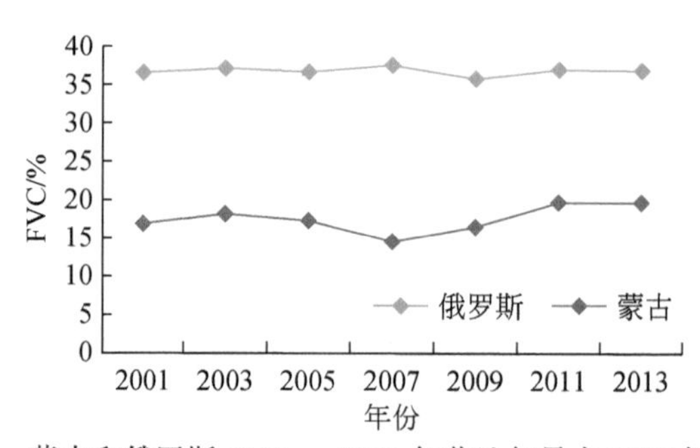

图 2-26 蒙古和俄罗斯 2001 ~ 2013 年草地年最大 FVC 年际变化

（2）蒙古和俄罗斯草地 LAI 和 NPP 空间差异明显，2005 年以来俄罗斯草地 LAI 基本保持稳定，而蒙古草地 LAI 变化整体呈现上升趋势。

2013 年俄罗斯草地叶面积指数年最大值高于 2 的草地面积占草地总面积的 40.13%，主要分布在 65° ~ 75°N（表 2-5、图 2-27）。2005 ~ 2013 年草地 LAI 年最大值保持 1.6 ~ 2.0，其中 2010 ~ 2012 年草地 LAI 略有增长，到 2013 年的草地 LAI 又下滑至 1.8（图 2-28）。

2013 年蒙古草地 LAI 为 0 ~ 1 的草地面积占全国草地总面积的 71.55% 以上，主要分布在蒙古西部和东部。可见，蒙古草地 LAI 整体上低于俄罗斯。2005 ~ 2013 年蒙古草地 LAI 变化整体呈现上升趋势主，其中 2007 年草地 LAI 最低，为 0.61；2009 ~ 2012

年草地 LAI 不断上升，2012 年以后开始下降至 0.8。

表 2-5　蒙古和俄罗斯 2013 年的草地年最大 LAI 分级面积统计表

LAI	俄罗斯		蒙古	
	面积 /km²	比例 /%	面积 /km²	比例 /%
0 ~ 1	1228766	16.37	741796	71.55
1 ~ 1.5	1550076	20.65	177562	17.13
1.5 ~ 2	1715649	22.85	48579	4.69
> 2	3013060	40.13	68678	6.63

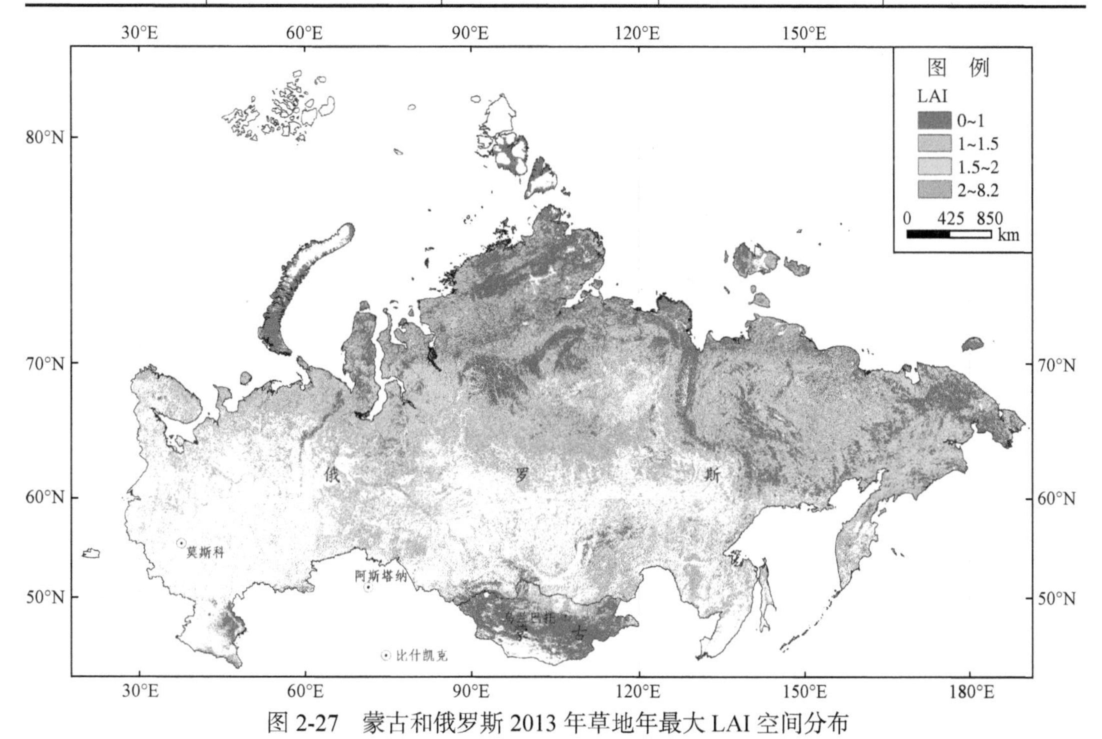

图 2-27　蒙古和俄罗斯 2013 年草地年最大 LAI 空间分布

图 2-28　蒙古和俄罗斯 2005 ~ 2013 年草地年最大 LAI 年际变化

从蒙古和俄罗斯2014年草地NPP空间分布图看（图2-29），草地NPP高值区主要集中在俄罗斯中南部和蒙古北部地区。其中俄罗斯草地NPP大于180 gC/m^{2}的地区面积比例为5.61%，主要分布在俄罗斯中东部地区；草地NPP在25 gC/m^{2}以下的地区面积比例接近50%，主要分布在俄罗斯北部地区。蒙古2014年草地NPP小于25gC/m^{2}的地区面积比例为42.18%，主要分布在蒙古的中部；草地NPP大于100gC/m^{2}的面积比例不到5%，主要分布于乌兰巴托以北地区（表2-6）。

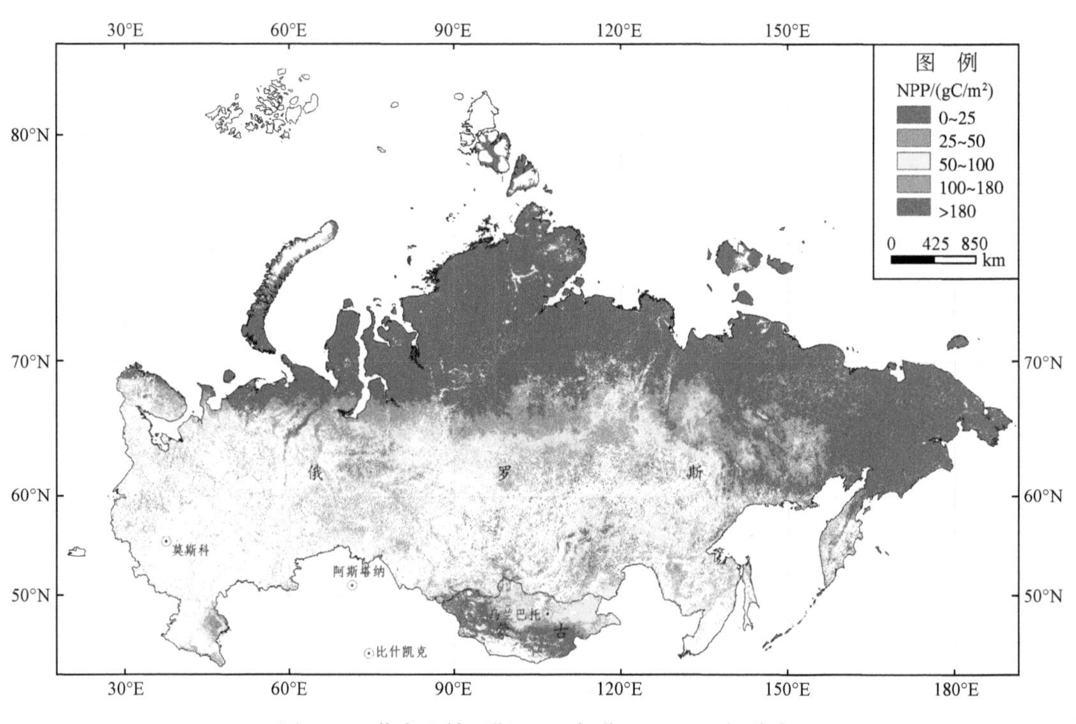

图2-29　蒙古和俄罗斯2014年草地NPP空间分布

表2-6　蒙古和俄罗斯2014年草地NPP分级面积统计表

NPP/(gC/m^2)	俄罗斯		蒙古	
	面积/km^2	比例/%	面积/km^2	比例/%
<25	3631603	47.72	462635	42.18
25 ~ 50	1529138	20.09	249466	22.75
50 ~ 100	1437530	18.89	349756	31.89
100 ~ 180	584860	7.69	25953	2.37
>180	427158	5.61	8880	0.81

2.4　一带一路开发活动的主要生态环境限制

目前随着“一带一路”倡议的实施，跨越中国、蒙古国、俄罗斯的“中蒙俄经济走廊”正在与建设中的“一带一路”倡议形成一个整体。但由于“中蒙俄经济走廊”沿线生态环境整体较为脆弱，如地势落差大、多高原和山地、高寒低温、土地荒漠化、沙化严重等（李锋，2016），倡议实施不得不面临着众多生态环境限制，因此“一带一路”的倡议实施也面临着可持续发展的严峻挑战。面对不断恶化的生态环境，人类不得不在环境保护与经济发展的冲突困境中进行艰难地抉择，不得不重新考虑发展方式的转变和探索经济与环境协调发展之路。但是人类的活动总是依托于环境进行的，总是或多或少会对环境产生影响，“一带一路”倡议实施中也不可避免会带来环境冲突。“一带一路” 环境矛盾的化解从根本上就是在生态文明理念的引领和约束下，沿线各个国家和地区重新寻求经济利益与生态效益之间的平衡。要从根本上化解环境矛盾，加强环境合作是各国必然的选择，如通过开展多种形式的环境合作，构建环境利益共享机制，建立统一的环境协调机构，积极推动环境制度创新，协调推进环境与经济的发展等途径来实现。

2.4.1　自然环境限制

自然环境条件对社会经济发展和“一带一路” 建设的限制因素包括多个方面，本节主要分析地形地貌、湿地分布、地表水体分布等因素的空间分布特点和限制状况。

1. 地形地貌

（1）俄罗斯地势落差大，多高原和山地，加上高寒低温的气候，是“一带一路”建设的限制因素之一。

俄罗斯地势西低东高，地势落差大。叶尼塞河将国土分为东西两部分，西部以平原和低地为主，坡度多在 1.5° 以下。1.5° 以下的区域约占俄罗斯总面积的 64.6%（表 2-7）；东部大部分是高原和山地，坡度多在 4° 以上（图 2-30）。4° 以上的区域约占俄罗斯总面积的 15.3%。俄罗斯纬度较高，加上多山地高原，全年气温都比较低，多暴雪灾害和冻土，对“一带一路”倡议实施中的基础设施建设带来了一定困难。再加上西伯利亚地区几乎无人居住，对基础设施建设的管理也带来了巨大挑战。

（2）蒙古多山地，土地荒漠化、沙化严重，生态环境脆弱，给“一带一路”建设增加了难度。

蒙古地势西高东低，西部、北部和中部多为山地，坡度在 1.5° 以上；东部为丘陵平原，坡度多在 1.5° 以下。1° 以下的区域接近蒙古总国土面积的一半。4° 以上的区域约占蒙古总国土面积的 17.1%（表 2-7）。蒙古土地荒漠化、沙化严重，生态环境脆弱。蒙古国是

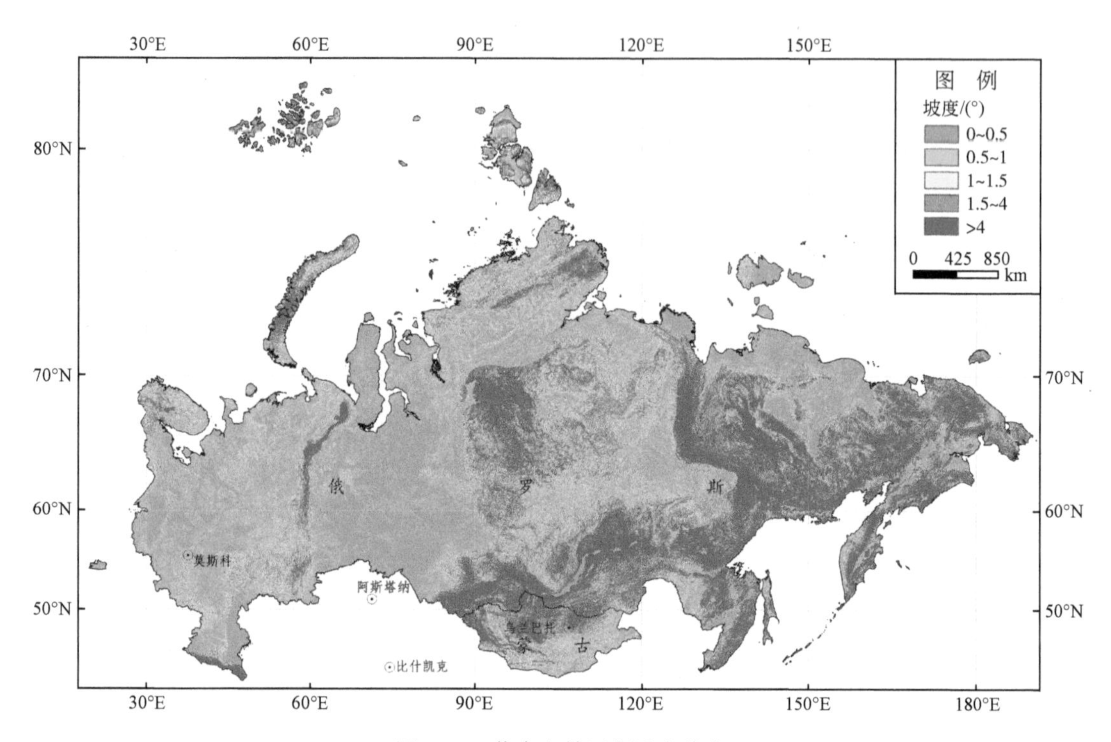

图 2-30　蒙古和俄罗斯坡度分布

表 2-7　蒙古和俄罗斯坡度分级面积统计表

坡度 /(°)	蒙古		俄罗斯	
	面积 /km^2	占比 /%	面积 /km^2	占比 /%
0 ~ 0.5	332304.4	21.2	6437501.0	38.0
0.5 ~ 1	360203.3	23.0	2923213.3	17.3
1 ~ 1.5	216799.1	13.9	1574164.6	9.3
1.5 ~ 4	388793.5	24.8	3399735.6	20.1
>4	266895.5	17.1	2590053.0	15.3

一个内陆国家，其 90% 的土地位于干旱带，它是亚洲荒漠化现象最严重的国家之一。蒙古南部有大面积的戈壁沙漠，裸地面积为 32 万 km^2，占国土面积的 20.57%。调查显示，近 70 年里，蒙古国气候变暖速度超过世界平均变暖速度的 3 倍，平均气温上升了 2.1℃；森林覆盖率同 20 世纪 50 年代相比显著减少，目前仅为 6.7%；而蒙古国境内戈壁地带一年中发生的沙尘暴次数，却比 60 年代增加了 4 ~ 5 倍。近年来蒙古由于受全球气候变暖、过度放牧、滥伐森林等因素影响，荒漠化日趋严重。调查显示，截至目前，蒙古国已有

72%以上的土地遭受了不同程度荒漠化，而且荒漠化土地面积正以惊人的速度在全国范围内扩展。其中乌布苏、中戈壁、东戈壁等地区已完全成为干旱荒漠地区，并且荒漠化正以前所未有的速度逼近首都乌兰巴托，除少部分地区外，蒙古全境正面临荒漠化威胁。近年来，蒙古国政府加大了对沙尘暴的治理力度。蒙古政府2005年通过了“绿色长城”防护林带建设计划，将在未来30年建成长3000km、宽500 ~ 1000m的绿色林带。这条林带将横跨蒙古12个省，其中包括与中国接壤的8个省份，如果该计划能够顺利实施，蒙古南部戈壁地区的生态系统将得到极大改善。上述问题均给“一带一路”倡议的实施增加了难度。

2. 湿地分布

保护湿地资源是蒙古和俄罗斯的共同国家战略，在“一带一路”基础设施建设中正确处理湿地资源保护和开发的矛盾是一个关键问题。

湿地是地球上生产力最高的生态系统，是处于水域和陆地过渡地段的特殊生态系统，具有巨大的生态效益和经济效益。

俄罗斯拥有广阔的湿地，伏尔加河三角洲是欧洲最大的三角洲复合体，并且是世界上最富有的鸟类栖息地之一，占地1.9万km^2；白海东部的坎达拉克沙湾以水鸟的繁殖和迁徙而闻名；黑海和亚速海沿岸分布着大片湿地；在北方还有大规模的苔原湿地覆盖等。2001 ~ 2015年俄罗斯湿地占地面积比例呈上升趋势（图2-31），这主要得益于俄罗斯针对湿地拟定的国家战略保护方案。

由于蒙古从2005年起，正式实施“绿色长城”计划，湿地面积大幅度增加，2001 ~ 2013年蒙古湿地占地面积比例增加显著，到2013年达到最高值1.18%。但因为这两年过度放牧，以及人们对土地不合理的开发利用导致荒漠化加剧等原因，2013 ~ 2015年蒙古湿地占地面积比例开始逐年下降，湿地面积在不断减少。

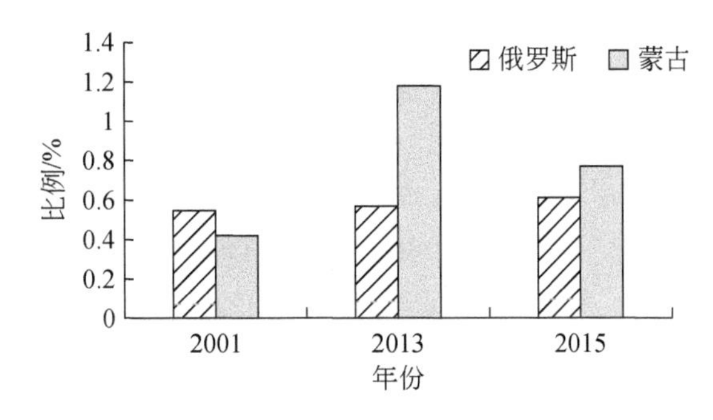

图2-31　蒙古和俄罗斯湿地面积比例

3. 地表水体分布

俄罗斯境内河流、湖泊众多，水资源丰富，但空间分布不均匀；蒙古河流湖泊干涸严重，水资源日趋短缺。地表水体的分布一方面给“一带一路”的开发建设提供了水资源，另一方面也给“一带一路”沿线基础设施的工程施工带来了空间拓展的限制。

俄罗斯临北冰洋和太平洋，濒临海域顺时针依次为黑海、芬兰湾、巴伦支海、喀拉海、拉普捷夫海、东西伯利亚海、白令海、鄂霍次克海、日本海。俄罗斯境内的河流、湖泊众多，境内的河流多达10万多条，分别流入不同海域。主要的大河有叶尼塞河、鄂毕河、勒拿河、伏尔加河、第聂伯河、顿河等。叶尼塞河位于西伯利亚城市克拉斯诺亚斯克以南约38km处，是俄罗斯水量最大的河流。鄂毕河是俄罗斯最长的河流，位于西西伯利亚平原与东西伯利亚高原之间，源出阿尔泰山地，曲折向西北流，穿越西西伯利亚，经鄂毕湾注入北冰洋的喀拉海。勒拿河位于东西伯利亚，全长4400km，流域面积249万km^2，是俄罗斯最长的河流，也是世界第十长河流。伏尔加河是欧洲最大河流，全长3530km，流域面积136万km^2，发源于莫斯科西北面的瓦尔代丘陵，曲折南流，沿途经过加里宁、高尔基、喀山、古比雪夫、伏尔加格勒等重要城市，流入里海。因为它不与海洋相通，所以是世界上最长、流域面积最广的内流河。俄罗斯有大小湖泊20多万个，东西伯利亚的贝加尔湖当属俄罗斯湖泊之最，也是世界上最深、蓄水量最大的淡水湖，占地球表面淡水总容量的20%。根据统计，俄罗斯的水体总面积为25万km^2，占国土面积的1.49%，人均占有量为17km^2/万人，高于世界平均水平。俄罗斯的水体空间分布极不均匀，俄罗斯独占世界淡水资源25%，但自己消耗的只占其中的2%。在俄罗斯欧洲部分，居住人口约占总人口的80%，而河川径流量仅占径流总量的8%，然而当地人们的生活、灌溉和工业用水量都很大，已使得水资源比较紧张，在一定程度上对该地区“一带一路”的建设造成了影响。

蒙古境内的河流湖泊干涸严重，水资源日趋短缺。蒙古境内流经2个以上省份的河流有56条，大型湖泊3个。全国共有小河、溪流6646条，有88%的河流不与外界水系相连，其中551条断流或干涸，而流经蒙古的色楞格河是该国境内的最大河流。蒙古有湖泊和沼泽3613个，其中483个干涸，境内活水湖泊中最大的是库苏古尔湖。蒙古的总水体面积为1.39万km^2，仅占国土面积的0.89%，但因蒙古人口稀少，人均水体面积为56km^2/万人，远高于世界平均水平。蒙古是水资源短缺国家，水资源问题越来越成为蒙古社会经济发展的制约因素，在拥有丰富矿产资源的南部戈壁地区尤其缺水。因此水资源的短缺是蒙古实施“一带一路”建设的重要限制因素。

2.4.2 自然保护区对开发的限制

自然保护区是指对有代表性的自然生态系统、珍稀濒危野生动植物物种的天然集中分布、有特殊意义的自然遗迹等保护对象所在的陆地、陆地水域或海域，依法划出一定面积予以特殊保护和管理的区域。由于建立的目的、要求和本身所具备的条件不同，自然保护区有多种类型。按照保护的主要对象来划分，自然保护区可以分为生态系统类型保护区、生物物种保护区和自然遗迹保护区 3 类；按照保护区的性质来划分，自然保护区可以分为科研保护区、国家公园（即风景名胜区）、管理区和资源管理保护区 4 类。不管保护区的类型如何，其总体要求是以保护为主，在不影响保护的前提下，把科学研究、教育、生产和旅游等活动有机地结合起来，使保护区的生态、社会和经济效益都得到充分展示。因此自然保护区的划定无疑在保护生态环境的同时也给周边的人类活动产生了严格的要求和限制。蒙古和俄罗斯政府为了保护生态环境均建立了若干自然保护区，自然保护区的建立对“一带一路”建设的影响主要体现在以下几个方面。

蒙古和俄罗斯自然保护区面积占两国国土总面积的 3.7%，不同类型的自然保护区一方面对生态环境的保护起到了积极的作用，另一方面也对“一带一路”基础设施的开发建设起到了一定的限制作用。合理处理和解决“一带一路”沿线生态环境保护和资源开发的矛盾是两国“一带一路”倡议实施中需要考虑的重要问题。

根据蒙古和俄罗斯 2014 年自然保护区空间分布图（图 2-32 ~ 图 2-34），俄罗斯共有自然保护区 290 个，总面积为 3530 万 km^2。其中贝加尔湖自然保护区面积最大，为 8.56 万 km^2，主要用来保护湖区的丰富的淡水资源。其次是堪察加火山群自然保护区，面积为 3.82 万 km^2，这里的火山群熔岩形成了曲折的洞穴、间歇泉、温泉、喷泉等自然景观，并生长着 800 多种植物和驼鹿、北极狐和棕熊等珍稀动物，自然保护区的设立对保护该地区众多的自然资源和生物物种多样性起到了积极的作用。另外，科米原始森林自然保护区面积为 2.88 万 km^2，主要用来保护该地区的原始森林资源，普拉和莫科里托河之间的自然保护区面积也达到 2.59 万 km^2，目的是保护俄罗斯的水资源。其中贝加尔湖自然保护区位于俄罗斯东西伯利亚南部，伊尔库茨克州及布里亚特共和国境内。狭长的贝加尔湖绵亘 636km，曲折的湖岸线长 2100km。贝加尔湖位于 51°28′ ~ 55°47′N、103°43′ ~ 109°58′E 之间，与第一亚欧大陆桥俄罗斯段相交，是“一带一路”基础设施开发建设的重要限制因素。贝加尔湖是世界第七大湖，形状为新月形，所以又有“月亮湖”之称。贝加尔湖水质好，透明度高，被誉为“西伯利亚的明眸”。2015 年贝加尔湖水体总容积 23.6 万亿 m^3，最深处达 1637m，约占地球全部淡水量的 20%，相当于北美洲五大湖水量的总和，是世界储水量最大的淡水湖泊。湖畔阳光充沛，有 300 多处温泉，是俄罗斯东部地区最大的疗养胜地。贝加尔湖是世界最古老的湖泊之一，位于欧亚板块内部，由地壳断裂下陷形成，绝大多数科学家认为贝加尔湖深处特有的动物遗体约形成于 3000 万年前。贝加尔湖中有植物 600 种，水生动物 1200 种，其中 3/4 为贝加尔湖所特有，从而形成了其独一无二的生物种群，如全身透明的凹目白鲑和著名珍稀动物贝加尔海豹等。

贝加尔湖中有约50种鱼类，分属7科，最多的是杜文鱼科的25种杜文鱼。大马哈鱼、苗鱼、鲱型白鲑和鲟鱼也很多。由于贝加尔湖丰富的动物资源，被称为“神圣的西伯利亚湖”。贝加尔湖不仅拥有丰富的淡水资源和动植物资源，其周边地表植被也是其成为自然保护区的重要原因。贝加尔湖沿岸拥有松、云杉、白桦和白杨等组成的成片密林，植物生长茂盛，覆盖度高。除距河口较远的上游区域有一些牧场外，当地基本保持了自然状态。贝加尔湖周围的山地草原植被分别为杨树、杉树和落叶树、西伯利亚松和桦树，植物种类达600多种，其中3/4是贝加尔湖特有的品种。贝加尔湖及周围区域因具有丰富的淡水资源和动植物资源，1996年被列入世界人类文化和自然保护名录。第一亚欧大陆桥俄罗斯段沿线穿越贝加尔湖自然保护区，所以要妥善处理基础设施的开发建设与该自然保护区生态环境保护的关系，保证“一带一路”开发建设顺利实施。

蒙古共有自然保护区156个，自然保护区的总面积为33.3万km^2。其中属于国家公园的自然保护区面积最大，共有39个，面积为167万km^2，占自然保护区总面积的33.02%，但分布比较分散，多集中在中西部山地，是蒙古为了保护自然生态系统完整性设立的保护区。其次其他类型的自然保护区面积有8.74万km^2，占自然保护区的24.75%。其中西南部的大戈壁滩自然保护区面积最大，为5.30万km^2，主要用来保护脆弱的自然生态环境。从总体上看，蒙古自然保护区中的生态系统均比较脆弱，“一带一路”开发建设中正确处理生态环境保护、自然资源开发和基础设施建设的矛盾尤为重要。

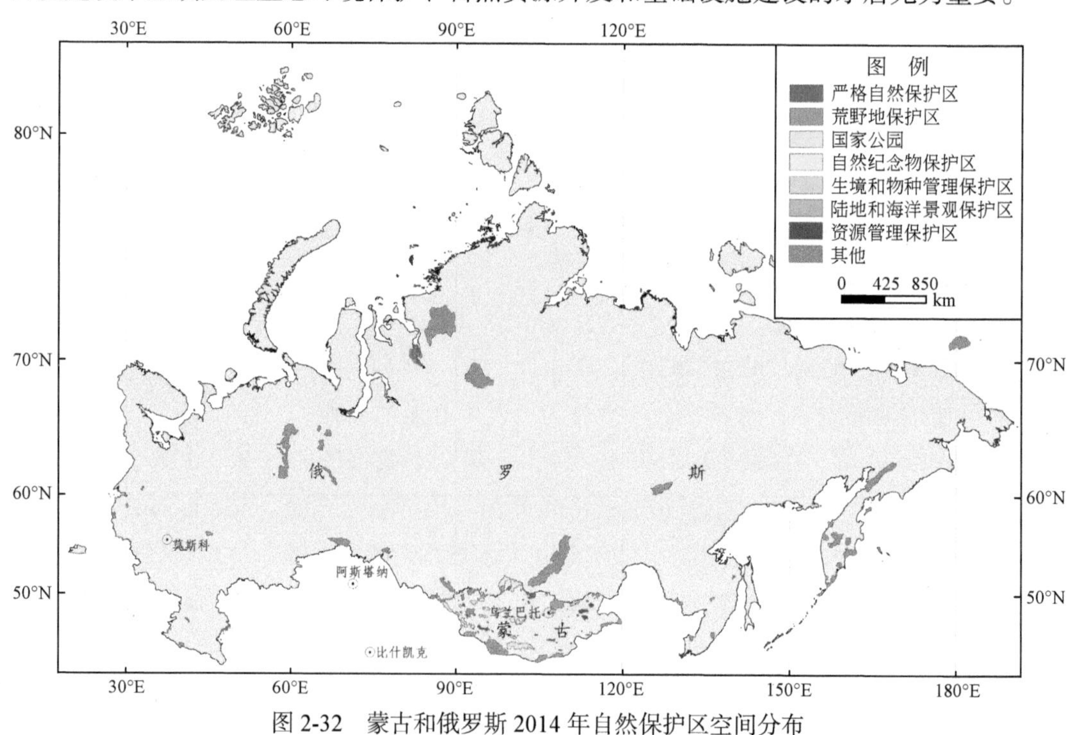

图2-32 蒙古和俄罗斯2014年自然保护区空间分布

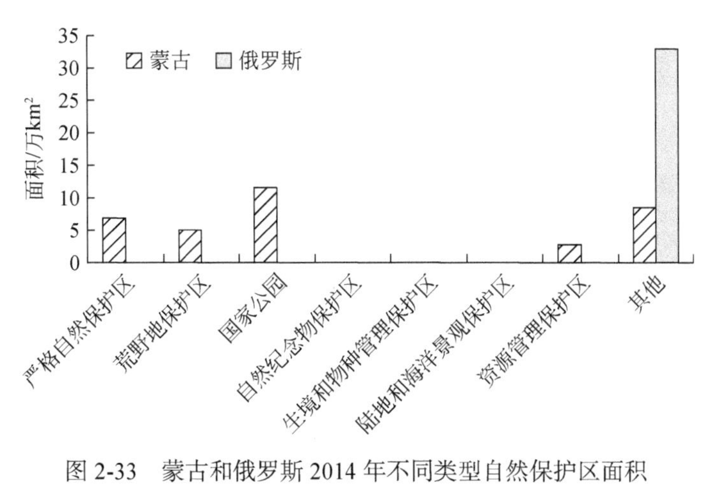

图 2-33　蒙古和俄罗斯 2014 年不同类型自然保护区面积

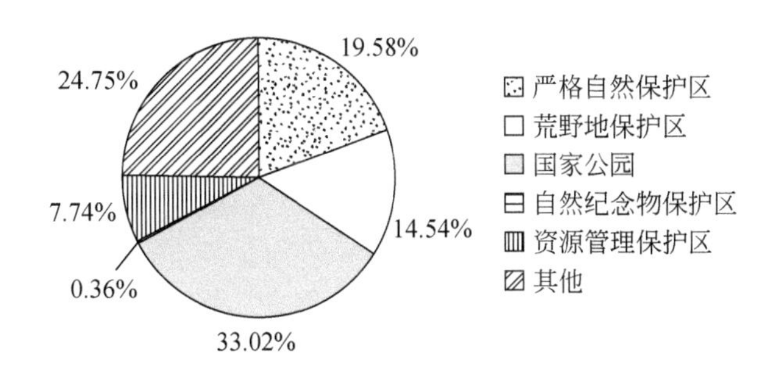

图 2-34　蒙古 2014 年不同类型自然保护区面积比例

2.5　小　　结

蒙古和俄罗斯主要以温带大陆性气候为主，其中俄罗斯降水比较充足，大部分地区降水集中在夏季，降水空间分布呈西多东少的格局。蒙古降水量少，主要集中在夏季，降水空间分布呈由西南向东北逐渐增多的态势。蒙古和俄罗斯两国的土地覆盖类型具有一定的差异，俄罗斯以草地和森林为主，占总国土面积的 80% 以上，而蒙古以草地和裸地为主，占国土总面积的 90% 以上。俄罗斯土地利用程度空间差异显著，西南部地区城镇、人口密集，土地利用程度最高，以建设性开发为主。蒙古土地利用程度普遍较低，中北部首都乌兰巴托及城市达尔汗及周边地区土地建设性开发程度较高。

在生态资源方面，俄罗斯是一个传统的农业国，农业发展落后，尽管农业区土地平坦、肥沃、分布范围广阔，但粮食产量仍不能自给，还需大量进口。畜牧业是蒙古国的传统产业，农业并非国民经济的支柱产业，但关系国计民生，农业产值约占农牧业总产值的 20%。俄罗斯森林资源丰富，分布有世界上面积最大的亚寒带针叶林；蒙古森林资源很少，主要为温带落叶阔叶林。草地是蒙古和俄罗斯的主要土地覆被类型，草地覆盖度空间差异明显，2001 年以来俄罗斯草地覆盖度变化不大，而蒙古草地植被覆盖度变化呈现先下降后上升的时间差异性。

在“一带一路”开发建设的主要生态环境限制因素方面，俄罗斯地势落差大，多高原和山地，加上高寒低温的气候，是“一带一路”建设的限制条件。蒙古多山地，土地荒漠化、沙化严重，生态环境脆弱，给“一带一路”建设增加了难度。蒙古和俄罗斯自然保护区面积占两国国土总面积的 3.7%，多种类型的自然保护区的设立对“一带一路”基础设施的开发建设起到了一定的限制作用。合理处理和解决“一带一路”沿线生态环境保护和资源开发的矛盾是蒙古和俄罗斯两国“一带一路”倡议实施中需要考虑的重要问题。在“一带一路”的建设过程中，两国应充分考虑各种生态环境限制因素，趋利避害，以达到可持续发展的目的（李罗莎，2016）。

第 3 章　重要节点城市与港口分析

“一带一路”作为中国首倡、高层推动的国家倡议，对我国现代化建设具有深远的意义。根据“一带一路”走向，陆上依托国际大通道，以沿线中心城市为支撑，以重点经贸产业园区为合作平台，共同打造新亚欧大陆桥、中蒙俄、中国 - 中亚 - 西亚、中国 - 中南半岛等国际经济合作走廊；海上以重点港口为节点，共同建设通畅安全高效的运输大通道。因此重要节点城市与港口在“一带一路”建设中发挥着重要的支撑保障和牵引带动作用。“中蒙俄经济走廊”建设涵盖了公路、铁路、水路交叉的节点城市，以及对区域和世界航运发挥重要作用的港口城市。莫斯科、伊尔库茨克、乌兰巴托、布拉戈维申斯克、哈巴罗夫斯克、符拉迪沃斯托克是“中蒙俄经济走廊”中的重要节点城市（图 3-1、图 3-2），并凭借其优越的地理位置和丰富的自然资源，在“中蒙俄经济走廊”建设中发挥着不可替代的作用。本章主要选择这些城市分别在经济走廊与区域尺度上综合评价这些城市的建成区内部结构与周边生态环境状况，分析城市发展现状与潜力。

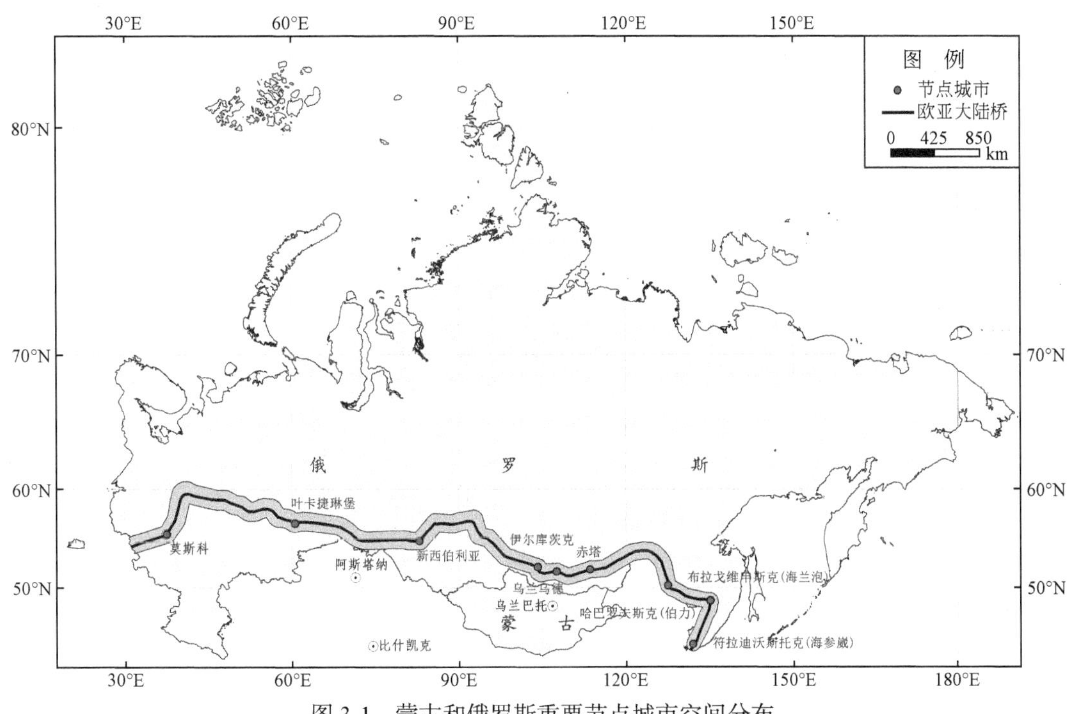

图 3-1　蒙古和俄罗斯重要节点城市空间分布

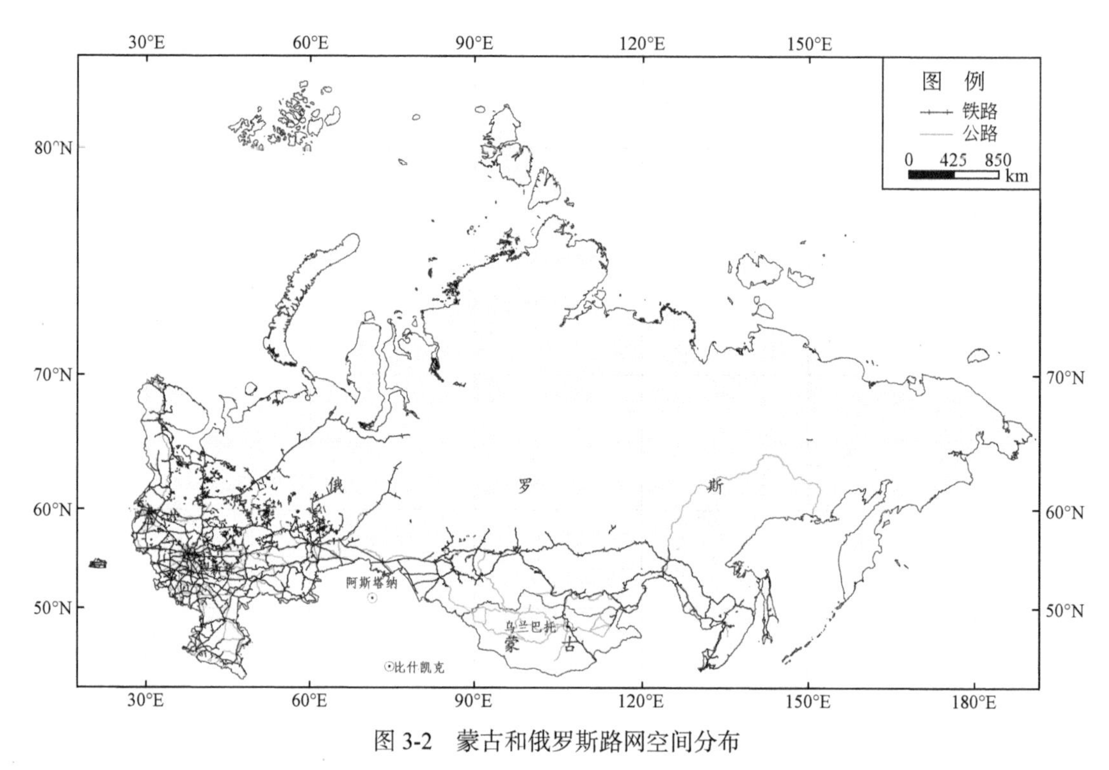

图 3-2 蒙古和俄罗斯路网空间分布

3.1 莫 斯 科

3.1.1 概况

莫斯科作为俄罗斯联邦首都，是国家的政治、经济与文化中心，机构总部云集，金融资源丰富，为其经济发展提供了有利条件。莫斯科交通发达，是铁路、公路、河运和航空枢纽，电气化铁路和公路通向四面八方，在东北亚地区为“一带一路”倡议连接经济快速发展的亚太经济圈和西部发达的欧洲经济圈起到了重要作用。

莫斯科是俄罗斯联邦首都，全国的政治、经济、文化、金融、交通中心，地处东欧平原中部，跨莫斯科河及其支流亚乌扎河两岸，共下辖 12 个县级行政区。城市总面积 2510km^2，人口多达 1100 万，占全国总人口的 10%。莫斯科是俄罗斯最大的综合类工业城市，工业总产值居全国首位，工业门类齐全，其中，重工业和化学工业尤为发达，机械制造业也占全市工业总产值及工人数的半数以上。除此之外，莫斯科发展了各种有色金属的冶炼工业，其中炼铝业最为发达；而且最大的军事工业中心也设立在此，主要有航空、航天和电子等工业；造纸业也是莫斯科工业中重要的一部分。

莫斯科还是全国科技文化和交通网络的中心。莫斯科的大学则以莫斯科国立罗蒙诺索夫大学为最著名。莫斯科科研机构众多，科学工作者人数达 20 多万。除国家科学院外，还设有众多全国性的艺术、医学、教育和农业研究中心。莫斯科有发达的铁路、公路、水运、航空运输条件。全市有 9 个客运火车站，在离市区约 50km 的外围修筑了全长 550km 的大环形铁路。铁路通往圣彼得堡、基洛夫、基辅、符拉迪沃斯托克、哈尔科夫、顿巴斯、明斯克、华沙、柏林等国内外城市和乌拉尔、伏尔加河下游、高加索、中亚、克里木、西伯利亚、波罗的海等地区。莫斯科 - 喀山高速铁路 2013 年开始新建，远期将延伸至中国，形成亚欧高速铁路通道，计划到 2018 年前完成自中国到喀山的基本建设。莫斯科和伏尔加流域的上游入口和江河口处相通，是俄罗斯乃至欧亚大陆上极其重要的交通枢纽。伏尔加河 - 顿河运河通航后，莫斯科成为波罗的海、白海、黑海、亚速海及里海的“五海之港”。

莫斯科也是俄罗斯最大的商业金融中心，资本高度集中，超过 80% 的银行资本都集中在莫斯科，而且吸收了整个俄罗斯绝大部分商业、银行和私人存款，密布的银行和交易网对俄罗斯发展经济发挥了重要作用。莫斯科作为开辟俄罗斯市场的必经之路，以其较好的投资环境和较高的投资潜力，集中了俄罗斯 1/10 的就业，占据了全俄罗斯 1/5 的经济总量，以及吸收了全俄罗斯 2/3 的外国投资，为其更快更好地适应经济全球化提供了前提条件。

3.1.2　典型生态环境特征

莫斯科位于 55° ~ 56°N、37° ~ 38°E，地处丘陵和低地边缘，位于三种地形交接处，西北接斯摩棱斯克 - 莫斯科高地，南接莫斯克沃列茨科 - 奥卡河平原，东接梅晓拉低地，平均海拔为 120m。莫斯科属于温带大陆性气候，极端天气十分频繁。12 月进入漫长的冰雪消融期，降雪量大，平均年积雪期长达 146 天（11 月初至 4 月中），冬季长而天气阴冷。1 月平均气温 −10.2℃（最低 −42℃），平均每年气温 0℃以上的天数为 194 天。而夏季气温陡降，阴雨连绵。7 月平均气温 18.1℃（最高 37℃）。总计全年天气晴朗时间 1568h。降水高峰期为 8 月和 10 月，4 月降水最少。冬季多刮西风、西南风和南风。自 5 月开始西北风和北风较为频繁。总之，莫斯科夏季短暂凉爽多雨，冬季漫长严寒多雾，多年平均降水量为 190 ~ 240mm。

1. 莫斯科是世界上绿化最好的城市之一，城市绿化率高，建成区内自然植被覆盖率为 51.4%

莫斯科始终重视城市绿化和城市生态建设工作。1918 年颁布《俄罗斯联邦森林法》和《自然保护法》确定对“莫斯科周围 30km 以内的森林执行严格的保护”。在 1960 年调整莫斯科城市边界时，“森林公园带”被进一步扩大到 10 ~ 15km 宽，北部最宽处达 28km，面积从 280km^2 扩大到 1750km^2，森林公园带如同一条绿带环绕市区，被称为“绿色项链”。在 1971 年通过的《莫斯科发展总规划》中提出了新的绿地系统规划内容，目标是建立完善的绿地布局和发展更广阔的绿化系统，规划措施包括采用环状、楔状相结合的绿地系统布局模式，将城市分隔为多中心结构，把莫斯科郊区绿地同城市绿地连接起来等。2011 年 7 月莫斯科提出新的城市发展规划以解决城市面临的发展问题，专家学者认为城市要扩建，必须在保护现有的自然综合体的基础上科学有序进行，由此可知，莫斯科的绿地系统是一步步建立的结果，所以随着城市的发展，绿地系统布局的合理性不断完善，绿地面积也逐年增长，生态效益也逐年显现，现今的莫斯科城市与森林交融为一体，广阔的自然综合体是莫斯科市巨大的生态屏障和市民的宝贵财富（吴妍等，2012）。

从城市建成区内自然植被、不透水面、裸地和水体的遥感监测结果看（图 3-3 ～图 3-5）。莫斯科建成区内不透水层面积为 613.3 km^2，占建成区总面积的 39.3%。莫斯科城市不透水面整体以克里姆林宫和红场为中心，呈同心圆层式分布，外围沿公路和铁路呈放射状分布。莫斯科全市有 12 个自然森林区，900 多个街心花园和公园，此外，市区外缘有 18 万 hm^2 防护林，由于城外缘有大片森林，城市空气特别清新。作为世界上绿化最好的城市之一，城市绿化率高，建成区内自然植被覆盖面积为 803.3 km^2，占建成区总面积的 51.4%，整体以西南东北向和西北东南向沿莫斯科河河湾分布，与外围的森林公园和放射环形的区公园、街心花园和林荫道共同组成了莫斯科的绿地系统。另外，建成区边缘地带分布着大量的裸地，面积为 125.32km^2，这表明城市周边发展空间大。莫斯科河穿过建成区，面积为 19.78 km^2，占总面积的 1.27%，城市水资源充足。根据《莫斯科城市总体规划（2010 ～ 2025 年）》要求，莫斯科城市建设主要任务是构建良性生态环境、提供合格的卫生条件，改善城市环境、保护居民和城市免受人为和自然灾害的负面影响（韩嫒嫒，2014）。

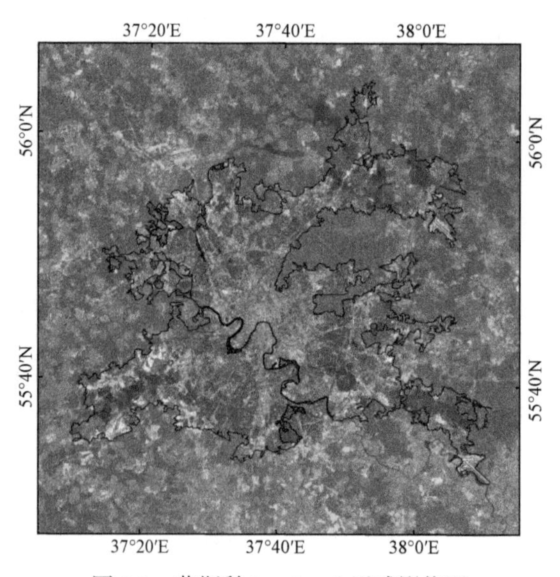

图 3-3　莫斯科 Landsat 8 遥感影像图

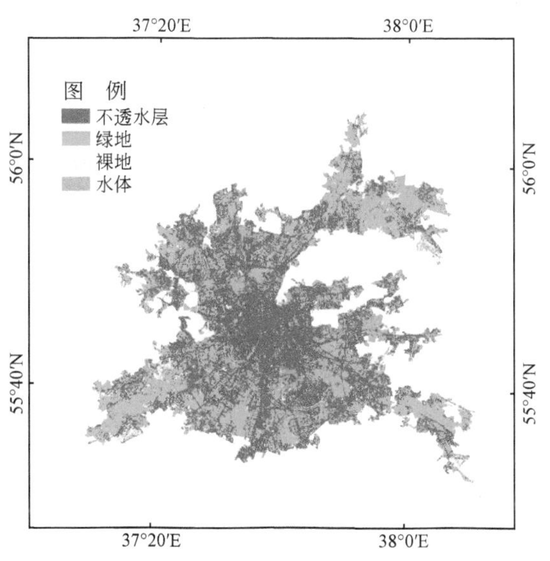

图 3-4　莫斯科建成区内土地覆盖类型

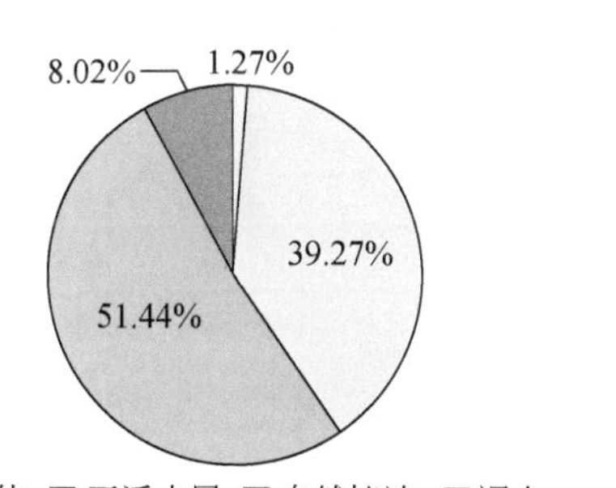

图 3-5　莫斯科建成区内土地覆盖类型面积比例

2. 莫斯科城市周边耕地、森林广布，城市扩展空间比较充足

从莫斯科建成区周边 10km 缓冲区内土地覆盖类型分布看（图 3-6、图 3-7），缓冲区范围内森林面积为 1278.4km^2，广泛分布于俄罗斯的东北部，森林资源丰富，建有“驼鹿岛”国家天然公园等森林公园。耕地面积为 782.8 km^2，广泛分布于南部和东部，主要种植小麦、玉米和豆类等农作物。因受到环城公园绿带和楔形绿带的限制，城市周围适合开发的未利用土地资源有限，城市的扩张需在保护现有森林和农田资源的基础上进行。

3.1.3　城市发展现状与潜力评估

2000 年以来莫斯科城市夜间灯光高亮度区以建成区为中心呈放射状向外蔓延，城区周边夜间灯光亮度的增强比较突出，建成区周边的社会经济发展比较快。在“一带一路”开发建设的过程中莫斯科城市周边耕地和森林资源丰富， 城市空间扩展具有较大的发展潜力。

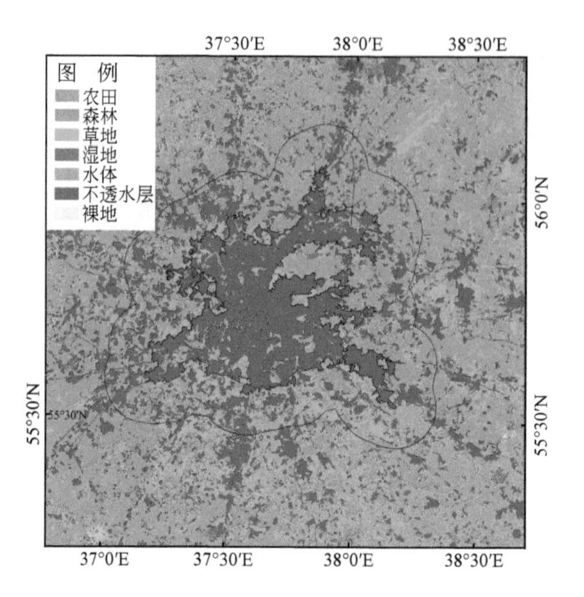

图 3-6 莫斯科周边 10km 缓冲区内土地覆盖类型

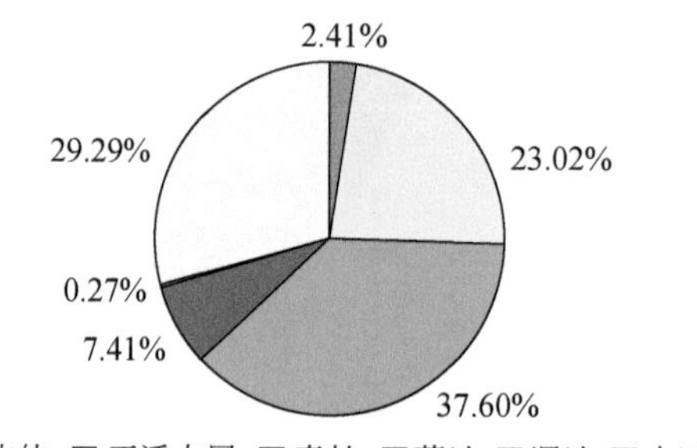

图 3-7 莫斯科周边 10km 缓冲区内土地覆盖类型面积比例

2013 年莫斯科城市夜间灯光指数较高亮度区域范围较 2000 年有了明显的扩张，呈现以建成区为中心放射状向外蔓延的态势，40 ~ 60 的较高亮度灯光值几乎扩展到整个缓冲区；60 以上的高亮灯光值不断向四周延伸，南部和东部增加显著，究其原因是以工业为主的东部和南部伴随着城市发展，建筑密度和人口密度增大，夜间灯光亮度增加（图 3-8）。从莫斯科城市内部及其周边灯光指数年变化斜率图可以看出（图 3-9），中心城区夜间灯光值为负增长，外围灯光值为正增长。表现为建成区中心地区灯光斜率小于 0，灯光指数年变化率值变小；缓冲区内大部分地区灯光指数年变化率大于 0.5，灯光指数值快速增加。这与莫斯科放射状的发展模式密切相关，莫斯科三环内仅居住着 80 万人口，占城市总人口的 8%，绝大多数人口分布在城市郊区，随着城市化进程的推进，灯光指数变化反映了莫斯科城市不断发展和空间向外扩展的过程。

结合莫斯科周边自然生态环境和近年来城市发展趋势可以看出，在“一带一路”开发建设的过程中莫斯科城市具有较大的发展潜力，城市周边耕地和森林资源丰富为城市发展提供了良好的支撑，尤其是城市的南部和东部，地势平坦，耕地广布，开发潜力大，近年来该地区夜间灯光亮度的增加迅速，已为城市新的发展方向奠定了基础。

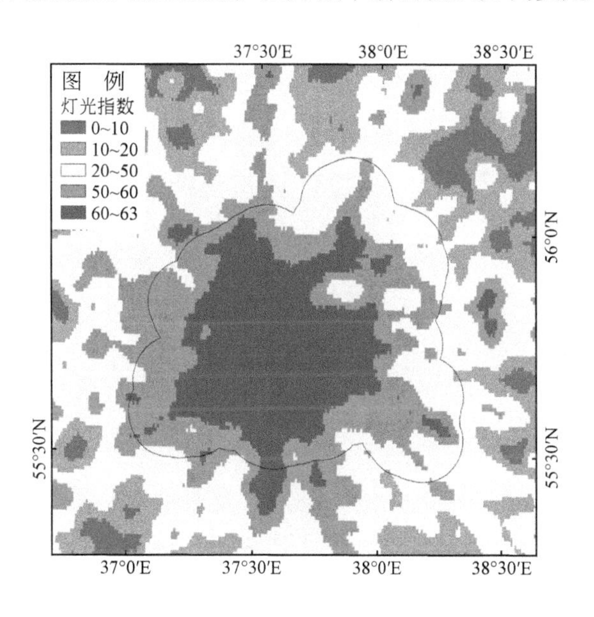

图 3-8　2013 年莫斯科夜间灯光指数

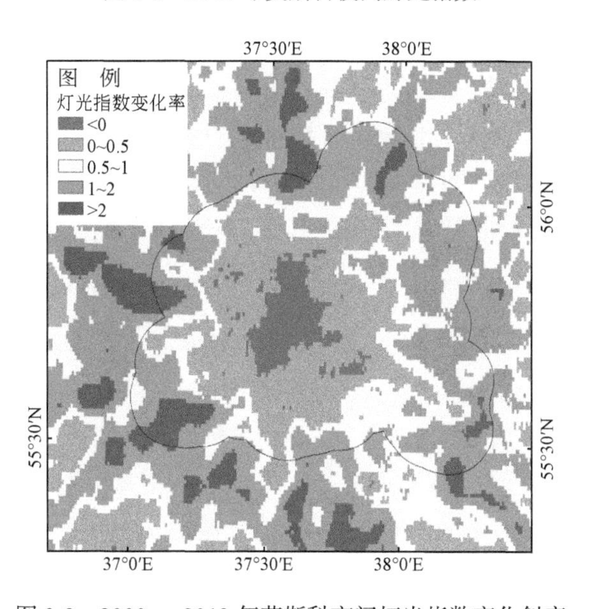

图 3-9　2000 ~ 2013 年莫斯科夜间灯光指数变化斜率

3.2 伊尔库茨克

3.2.1 概况

伊尔库茨克是东西伯利亚第二大城市、交通和商贸枢纽，现为铁路和国际航空要站，有飞往世界各地的多条航线。伊尔库茨克是通往勒拿河流域的枢纽，是俄罗斯同中国的贸易转运的重要节点，在“一带一路”中占有重要地位。

伊尔库茨克市是伊尔库茨克州的首府，在中西伯利亚高原南部，贝加尔湖以西。南同蒙古相邻。面积 76.79 万 km^2。人口约 80 万，俄罗斯人占 87%，其次为乌克兰人、白俄罗斯人、鞑靼人等，被称为“西伯利亚的心脏”“东方巴黎”“西伯利亚的明珠”。伊尔库茨克始建于 1700 年，已经拥有 306 年的城市发展史，是西伯利亚最大的工业城市、交通和商贸枢纽，也是离贝加尔湖最近的城市，东西伯利亚第二大城市。伊尔库茨克是西伯利亚唯一的大工业城市，机械制作、制材、家具、食品、建筑等产业发达，建有大型炼铝厂和电缆厂，拥有向世界供应毛皮的传统产业，其中特别是黑貂皮举世闻名。

作为东西伯利亚重要的文化中心，伊尔库茨克是俄罗斯科学院西伯利亚分院东西伯利亚分部所在地，同时有多所高等学校。伊尔库茨克科学中心是东俄罗斯最大的科学中心之一，拥有 15 个科研院所，还有许多大学和学院，开设有 260 余个专业。工业专家的数量和科学潜力使伊尔库茨克成为投资的理想地点。

伊尔库茨克总的水电能资源潜在储量估计在 2000 ~ 2500 亿 kW/(h·a)，并且已建立了三个水力发电站。一方面，伊尔库茨克作为第一亚欧大陆桥的重要节点城市，通过铁路与蒙古、中国相连，对加强我国同欧亚国家的关系、维护周边环境、拓展西部大开发和对外开放的空间都有着重要的意义；另一方面，伊尔库茨克拥有丰富的矿产、森林、水能、旅游等资源，中国和俄罗斯应抓住共建“一带一路”的历史机遇，加强在经贸领域的合作，进而深化资源、能源领域的战略合作。

3.2.2 典型生态环境特征

伊尔库茨克大部为山地，平均海拔 500 ~ 700m。北、中部为中西伯利亚高原的一部分。西南为东萨彦岭，东为贝加尔湖沿岸山脉和斯塔诺夫高原（图 3-10）。安加拉河、勒拿河及其支流维季姆河流经伊尔库茨克。伊尔库茨克属于温带大陆性气候，1 月平均气温由南部的 −15℃到北部的 −33℃；7 月平均气温为 17 ~ 19℃。多年平均年降水量为 350 ~ 430mm。

伊尔库茨克具有丰富的自然资源，在大地构造位置上，伊尔库茨克州位于西伯利亚地台西南部，具备油气聚集的有利地质构造条件与场所，是西伯利亚地台天然气重

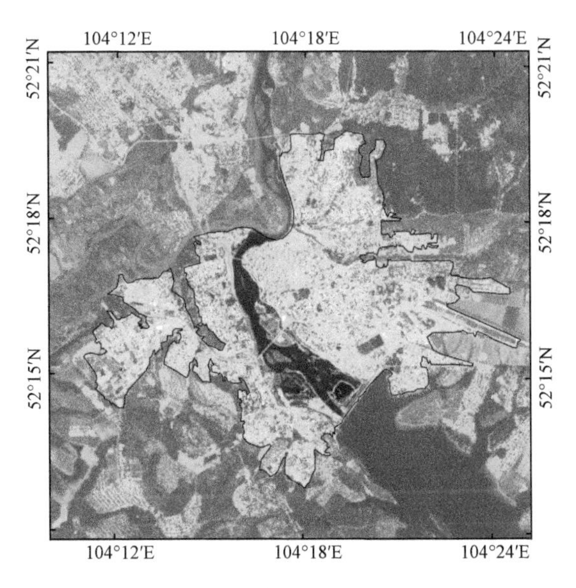

图 3-10 伊尔库茨克 Landsat 8 遥感影像

要富集区之一。该区油气分布规律为：气多油少，天然气主要集中分布在该州南部，石油主要集中分布在该州北部地区，目前该州天然气尚未进行大规模商业开发，油气开发仅仅局限在石油开发上。伊尔库茨克地区石油探明率约为 17.3%，天然气探明率约为 44%（李琨和王四海，2013）。该地集中了储量巨大的金矿及烃原料、稀有金属(铌、钽、锂、铷)、食用盐和钾盐、铁、锰、钛、矿物建筑材料(菱镁矿、白云石等)，并且可以开发勘测煤矿、烃原料、耐火土，以及用于生产建材的广谱原料、铁矿、矿物肥料。在伊尔库茨克的地质褶皱区内有优质的矿区，以及各种采矿及矿物化学原料区，在这个区内有滑石粉、水泥、石灰岩、镶面石、宝石原料、用于冶金业的非矿物原料及其他原料。此外，在伊尔库茨克州还发现了锰、金刚石、多金属矿、锡、天然硫，以及现有的优质传统矿物原料产地。

伊尔库茨克大约有 76% 的面积被森林覆盖，木材储量达 92 亿 m^3，占俄罗斯木材储量的 10% 以上。伊尔库茨克是俄罗斯大型的木材基地，而质量指标——良种树的储备集中性及开发利用程度都是非常出色的。

1. 伊尔库茨克城市建成区内不透水层和自然植被面积所占比例较高，水资源丰富

从建成区土地覆盖类型看，安加拉河横穿伊尔库茨克市区，将建成区分为南北两部分，建成区内不透水层面积为 25.79km^2，占总面积的比例为 31.9%，主要分布在安加拉

河的北岸；城市绿化较好，自然植被覆盖面积较高，自然植被面积为25.76km²，占总面积的比例为31.87%，主要分布在河流沿岸及城市的边缘地区；城市内的裸地面积为24.43km²，占总面积的比例为30.22%，分布在不透水层与自然植被之间，具有一定的开发利用价值；水域面积为4.86km²，占总面积的6.01%（图3-11、图3-12）。

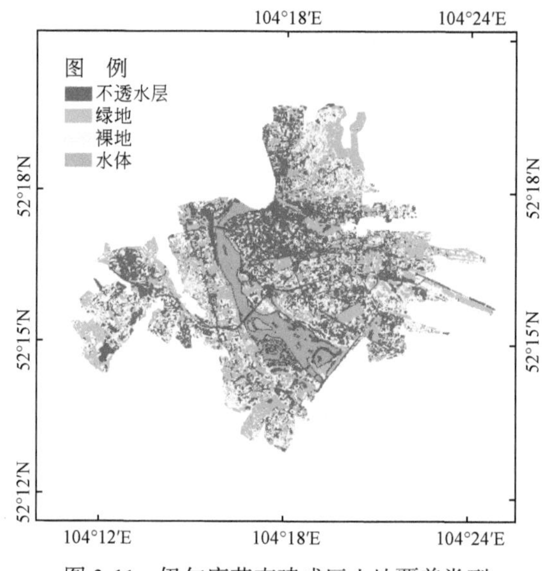

图3-11　伊尔库茨克建成区土地覆盖类型

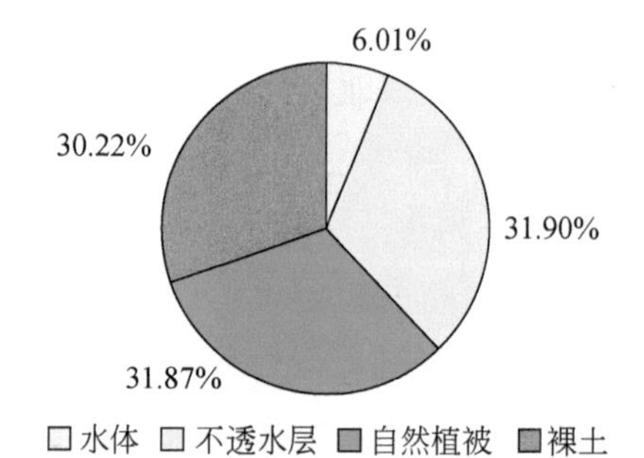

图3-12　伊尔库茨克建成区内各类型面积比例

2. 城市周边自然环境优美，农田、森林和草地分布面积较多

伊尔库茨克城市建成区周边10km缓冲区内以森林和草地为主，其中森林面积最多，占总面积的比例为34.16%，主要分布在建成区的北部和东部；农田面积占总面积的比例为32.63%，主要分布在建成区的西南部；耕地面积占总面积的比例为13.12%，与草地相连，分布在建成区的西南部和东北部；此外，不透水层面积占总面积的比例为12.36%，主要分布在建成区的西部和西南部。缓冲区东南部有河流经过，占总面积的7.47%；在城市西部的河流沿岸还有小片的湿地（图3-13、图3-14）。

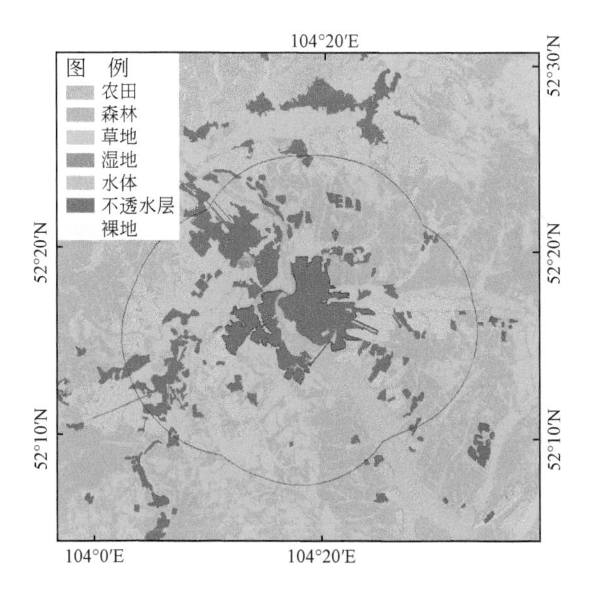

图 3-13　伊尔库茨克 10km 缓冲区内土地覆盖类型分布

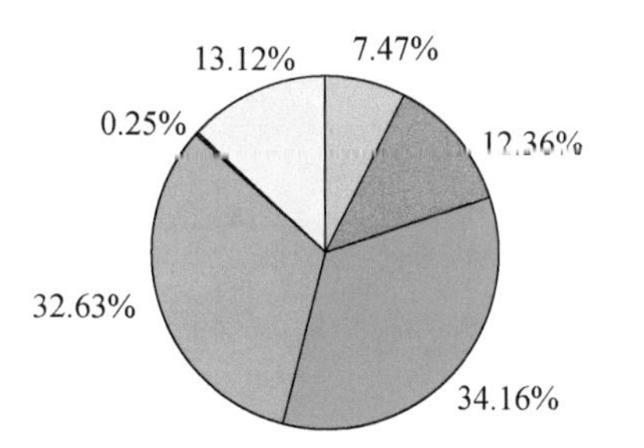

图 3-14　伊尔库茨克 10km 缓冲区内土地覆盖类型面积比例

3.2.3　城市发展现状与潜力评估

2000-2013 年伊尔库茨克城市夜间灯光亮度明显增强，西北部高亮度灯光值的扩展比较突出，城市扩展呈现向西北蔓延的态势。城市北部灯光指数年变化率不仅较高而且高值区的范围也较大，是未来城市扩展的潜在区域。

从伊尔库茨克 2000 年和 2013 年的夜间灯光亮度对比可以看出，缓冲区内夜间灯光指数变化显著，低亮度区被高亮度代替，夜间灯光亮度增加，其中西北部高亮度灯光值增加最为明显，城市呈现向西北扩张的态势。从伊尔库茨克城市内部及其周边的灯光指数年变化斜率图可以看出，建成区中心灯光斜率值小于 0，城市夜间灯光的变化不大。城市北部灯光指数年变化率不仅较高而且高值区的范围也较大，是未来城市扩展的主要方向（图 3-15、图 3-16）。

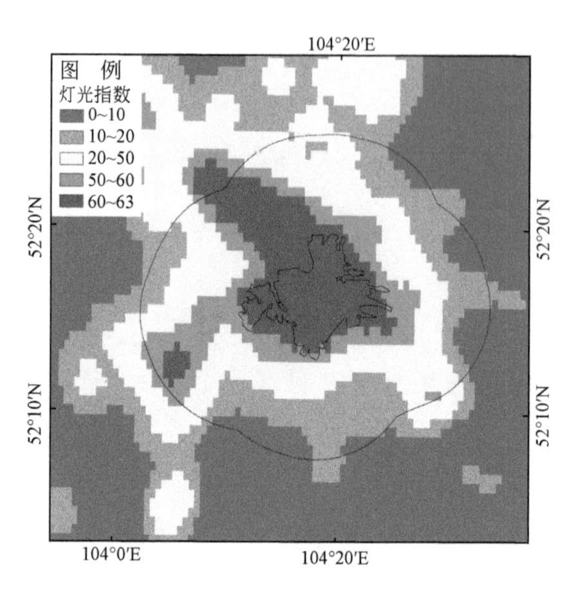

图 3-15　2013 年伊尔库茨克夜间灯光指数

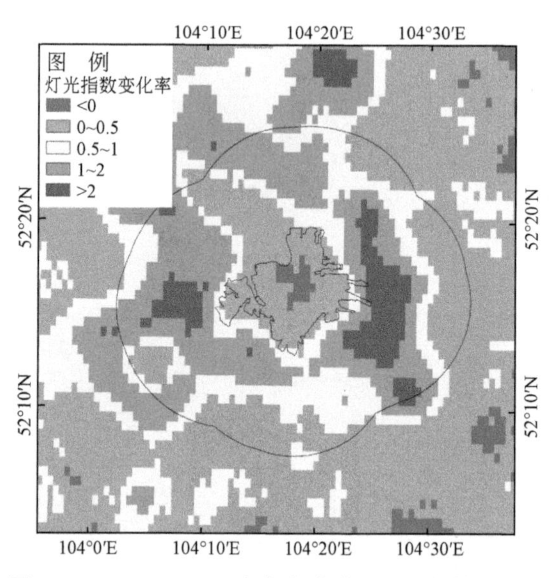

图 3-16　2000 ~ 2013 年伊尔库茨克灯光指数变化率

结合伊尔库茨克周边自然生态环境和近年来城市发展趋势可以看出，伊尔库茨克城市空间扩展具有很大的发展潜力。一方面，西北部耕地资源和水资源丰富，自然环境优良，近年来建设用地增加，人口聚集，这一地区发展迅速；另一方面，城市西南部耕地广阔，城市发展基础好，具有较大的发展空间。此外城市东部的安加拉河沿岸地区，地势平坦，水资源丰富，成为城市发展的一个新方向。

3.3 乌兰巴托

3.3.1 概况

作为首都，乌兰巴托是蒙古第一大城市，也是全国政治、经济、科技和文化中心。乌兰巴托在“一带一路”中起着重要的连接作用，是蒙古全国的交通运输中心，北京－莫斯科铁路干线经过乌兰巴托，贯穿全蒙南北，不仅在蒙古经济建设中发挥着巨大作用，而且也是连接中蒙俄三国并不断延伸的亚欧“大陆桥”的重要组成部分。

乌兰巴托地处内陆，属典型的大陆性气候，冬季最低气温达 –40℃，夏季最高气温达 35℃，年平均气温 –2.9℃。乌兰巴托市距中国边境 718km，距俄罗斯边境 542km。巴彦吉如合山、博格达汗山、青格勒台山等四面环绕乌兰巴托。乌兰巴托面积为 4704km^2，常住人口 131 万人，人口密度为 217 人/km^2，15 岁以下的儿童占 30.2%，15 ~ 59 岁的成年人占 64.5%，5.3% 为 60 岁以上的老年人，人口中年轻人占绝大多数。是世界上人口最年轻的城市之一。

在乌兰巴托市居住着许多民族和种族，其中哈拉哈人占 88%，哈萨克人占 2%，杜尔伯特人占 1.5%。此外，还有巴亚特、达里岗嘎、乌梁海、扎格钦、达尔哈德、图尔古特、乌格勤德、乌干图等种族。乌兰巴托建于 1639 年，当时称“乌尔格”，蒙语为“宫殿”之意，为喀尔喀蒙古“活佛”哲布尊巴一世的驻地。“乌尔格”在此后的 150 年中，游移于附近一带。1778 年起，逐渐定居于现址附近，并取名“库伦”和“大库伦”，蒙古语为“大寺院”之意。1924 年蒙古人民共和国成立后，改库伦为乌兰巴托，并定为首都，意思是“红色英雄城”。乌兰巴托是蒙古国最大的城市和政治、交通中心。连接中俄的铁路贯穿乌兰巴托，北至苏赫－巴托尔，南抵中国内蒙古的二连浩特市。乌兰巴托市也是蒙古国文化、科技、工业中心，是蒙古政府最高领导机构所在地，国际组织驻蒙机构大多设于此。

乌兰巴托市是一个以农牧业为主的城市，农牧业是国民经济的主要组成部分。蒙古国家畜数量呈现波动增长的趋势。蒙古国通过建立部分中小企业，提高国家的工业实力，吸引很多国外的企业在蒙古国设厂，缓解蒙古国经济困难的状况，恢复蒙古国经济的正常发展，从而给人民更多就业机会，提高人民生活水平。随着蒙古国经济的不断发展，一些农村人口向城市迁入，城市人口急剧增加，导致城市问题日益严重，当地政府积极制定方针政策，通过不断完善各方面的基础设施带动整个社会事业的发展壮大，推动城市健康发展（毕吉雅，2015）。

乌兰巴托城市附近的矿产资源主要是煤，全国大部分工厂企业设在这里，工业以轻工业、建筑材料、金属材料和食品工业为主。随着基础设施的建设，乌兰巴托重工业发展很快，全市工业总产值约占全国工业总产值的一半以上。乌兰巴托近年来电子产业发展迅速，2009 年成功研制出国内首个本土品牌微型计算机，2013 年成功制造出本土通信设备——Mogul Sonor。乌兰巴托也是蒙古第一大城市，已由昔日的宗教中心变成全国政治、经济、科技和文化中心。

乌兰巴托在“一带一路”中起着重要的连接作用，它是蒙古全国的交通运输中心。乌兰巴托以铁路、公路运输为主，空运为辅构成了四通八达的交通网。从乌兰巴托向南北延伸的铁路干线，不仅在蒙古经济建设中发挥着巨大作用，而且也是连接中蒙俄三国并继续延伸的亚欧“大陆桥”的重要组成部分。“一带一路”倡议和“草原之路”战略的相互衔接已经成为中蒙两国面临的共同议题，以中蒙全面战略伙伴关系作为崭新的起点，从重要节点城市乌兰巴托向外延伸，互利合作形成良好的辐射作用，进而对整个东北亚的合作态势产生深远影响（华倩，2015）。

3.3.2 典型生态环境特征

乌兰巴托市位于蒙古高原中部肯特山主脉南端，地处鄂尔浑河支流图拉河上游河谷地带，海拔 1351m。南北群山环抱，东西是广阔的草原。图拉河从乌兰巴托市南面的博格达山脚由东向西缓流，城市主要街区坐落在图拉河北岸，呈狭长形（图 3-17）。乌兰巴托属大陆性高寒气候，冬季漫长而寒冷，1 月平均气温 –22 ~ –15℃，夜间有时可达 –39℃，冬季最低气温达 –40℃；夏季短而炎热，7 月平均气温 20 ~ 22℃，最高可达 39.5℃。年平均降水 280mm，一年中有 180 天为晴天，无霜期 109 天。春季（5 ~ 6 月）较短，秋季（9 ~ 10 月）天气变幻无常，随时出现极端天气。

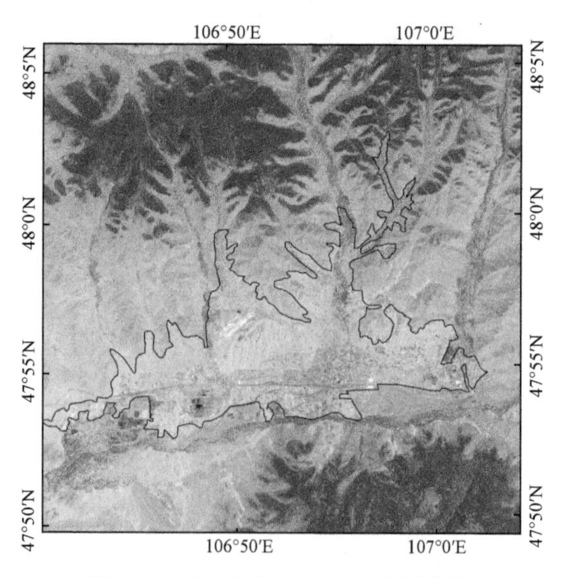

图 3-17　乌兰巴托 Landsat 8 遥感影像

1. 乌兰巴托城市建成区内不透水层呈东西条带状分布，裸地面积较大，自然植被覆盖率较低

从乌兰巴托城市建成区土地覆盖类型分布及所占的面积比例看（图3-18、图3-19），乌兰巴托沿着图拉河，呈东西狭长形分布。建成区内的不透水层面积最大，占总面积的比例47.67%，主要沿河谷狭长地带展布；此外，裸地面积也较大，占总面积的比例31.30%；自然植被占总面积的比例为20.79%，集中分布在北部山地；水域面积小，水资源紧张。

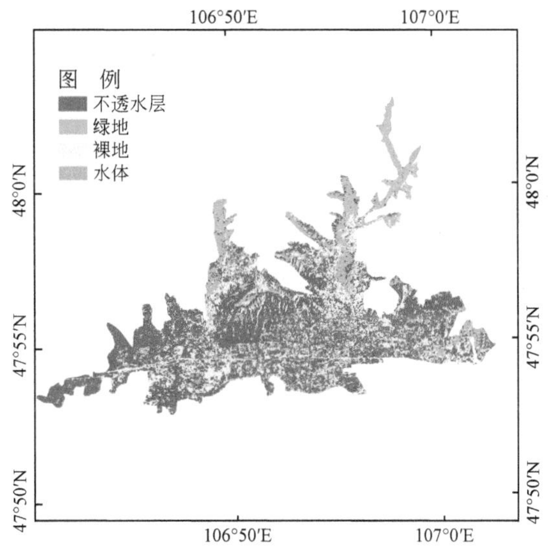

图3-18 乌兰巴托建成区内土地覆盖类型

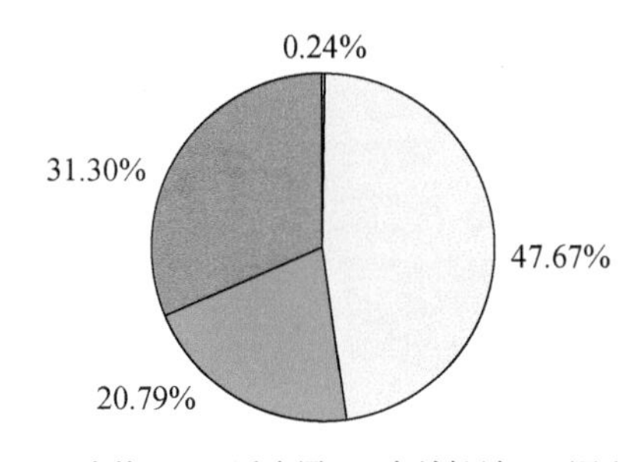

图3-19 乌兰巴托建成区内覆盖类型面积比例

2. 城市周边草地广布，城市发展空间缺乏优质土地资源

乌兰巴托城市周边草地广布，占缓冲区总面积的比例为72.93%，分布在城市的四周；森林面积总量为228.70km^2，占缓冲区总面积的比例为19.56%，主要分布在北部和南部山地；在建成区西南方集中分布着小部分裸地；城市不透水层主要分布在北部山谷地区；

从整体看，乌兰巴托周边水体分布极少，水资源匮乏。城市周边缺少适宜开发建设的优质土地资源，加上恶劣的自然条件和脆弱的生态系统，制约了乌兰巴托城市的空间扩展（图3-20、图3-21）。

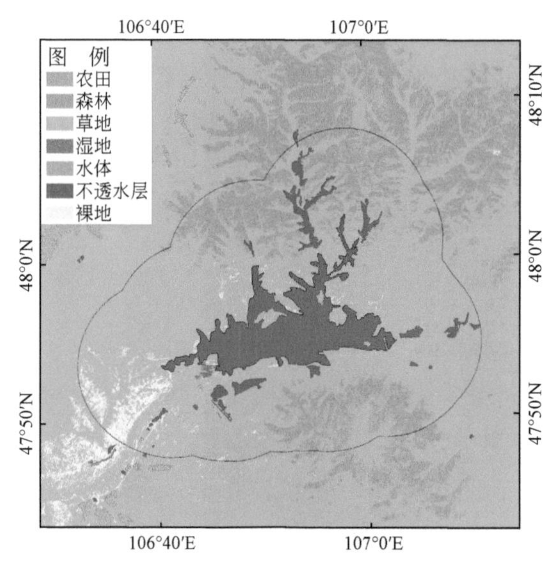

图 3-20　乌兰巴托 10km 缓冲区内土地覆盖类型

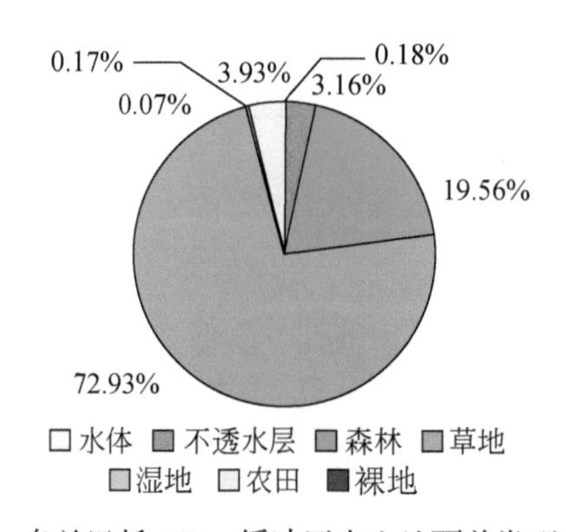

图 3-21　乌兰巴托 10km 缓冲区内土地覆盖类型面积比例

3.3.3　城市发展现状与潜力评估

乌兰巴托 2000 ~ 2013 年城市夜间灯光亮度的增加主要集中在建成区内，城市扩展的幅度不大。2000 ~ 2013 年城市夜间灯光指数年变化率的高值区主要集中在城市建成区周边，由于城市周边自然环境恶劣，优质土地资源匮乏，地表水资源有限，城市发展的限制性因素较多，城市发展潜力有限。

2013 年乌兰巴托城市夜间灯光亮度较 2000 年明显增加，主要表现在建成区高亮度值区域扩张显著，城市周边较高亮度灯光值范围向外蔓延。由于南北两侧山脉对城市发展的制约，高亮度灯光值基本没有扩展到 10km 的缓冲区内，只在建成区内部填充。较高亮度灯光值在缓冲区的东西方向有所扩展，可以看出这一方向成为城市空间发展的主要方向。从乌兰巴托城市内部及其周边的灯光指数年变化斜率图可以看出建成区边缘地带灯光指数年变化斜率最大，表明这一地区城市发展最为迅速，建设用地和人口在这一地区开始集聚，而城市周围的草原地区的灯光指数年变化斜率普遍较低，城市扩展的范围和程度都比较有限（图 3-22、图 3-23）。

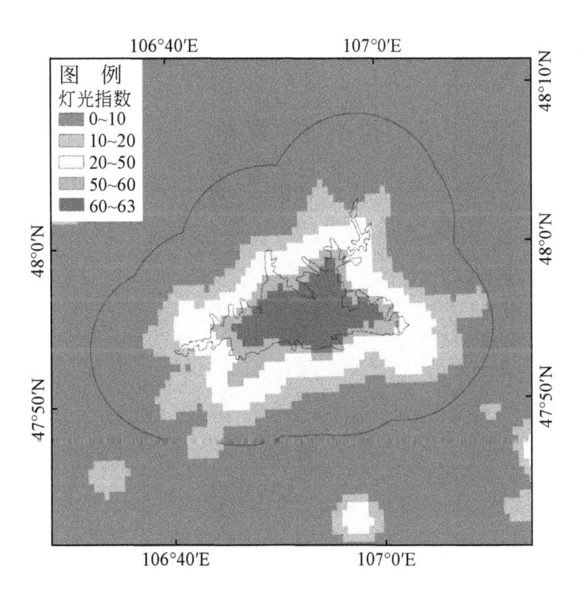

图 3-22　2013 年乌兰巴托夜间灯光指数

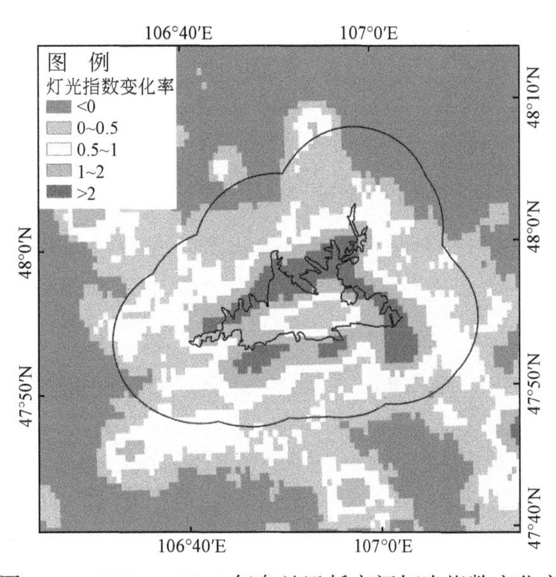

图 3-23　2000 ~ 2013 年乌兰巴托夜间灯光指数变化率

结合乌兰巴托周边自然生态环境与城市发展现状可以看出，虽然城市周边草场广布，适宜发展畜牧业，同时蕴藏了丰富的矿产资源，开发潜力较大，但是由于自然环境比较恶劣，尤其是地表水资源匮缺，城市发展的限制性因素较多，城市发展速度较慢。

3.4 布拉戈维申斯克（海兰泡）

3.4.1 概况

布拉戈维申斯克（海兰泡）是西伯利亚铁路干线支线的终点站，具有优越的地理位置，在"一带一路"建设中发挥着俄罗斯在亚洲大陆独特的门户作用。

布拉戈维申斯克与中国黑龙江省黑河市隔黑龙江相望，咫尺为邻，是俄罗斯远东区南部城市，阿穆尔州首府，是俄罗斯远东第三大城市。位于阿穆尔河（黑龙江）和结雅河（又称精奇里江）汇流处岸边、结雅—布列亚平原西南端。布拉戈维申斯克人口总计21.75万人，城市面积321km^2，是远东大型工业、行政和文化的中心，社会基础设施较为发达，有14家银行及其分支机构，170多家公共饮食企业。在布拉戈维申斯克投资最具吸引力的经济活动种类有运输和通信（占投资总额21%）、贸易和餐饮（11%）、房地产开发（39%）等。在开发燃料动力项目、建设木材加工厂等方面投资面临着很大机遇。布拉戈维申斯克还设有俄罗斯科学院主要天文学观测站的实验室及金矿勘测实验室。在阿穆尔河与结雅河交汇外建有阿穆尔州最大的港口，河运事业比较发达。

20世纪80年代，黑河市与俄罗斯阿穆尔州布拉戈维申斯克市作为中俄4000多千米边境线上唯一一对功能最全、规模最大、规格最高、距离最近的对应城市得到了快速发展（丁荟语，2009）。为加快中俄地方区域经济发展步伐，90年代黑河市就提出了黑河市—布拉戈维申斯克市辟建中俄国际经济合作区的构想。近年来，中俄战略协作伙伴关系逐步巩固，特别是两国互办"国家年"后，两国政治互信、经济互补走向一个崭新的阶段，两国地方间友好交往频繁，关系日益密切。

此外，布拉戈维申斯克是西伯利亚铁路干线支线的终点站，具有优越的地理位置，市内有河港和国际飞机场。在"一带一路"建设中，布拉戈维申斯克发挥着俄罗斯在亚洲大陆独特的门户作用。由于布拉戈维申斯克地处与中国交界的边境地区，隔着黑龙江与中国的黑河市相望，最近距离仅750m，具备能够保证大量外贸货流和旅游客流过境的边境通道，为东北亚"一带一路"倡议的建设提供了优越的条件。

3.4.2 典型生态环境特征

布拉戈维申斯克位于黑龙江和结雅河交汇处，地形平坦、水系发达、自然环境优美（图3-24）。气候属于典型大陆性季风气候，是亚洲、太平洋和北极地区上空的大气环流中心相互作用的结果，冬季严寒少雪，1月气温可达零下24 ~ 32℃；夏季凉爽多雨，

7 月平均气温不超过 21℃。

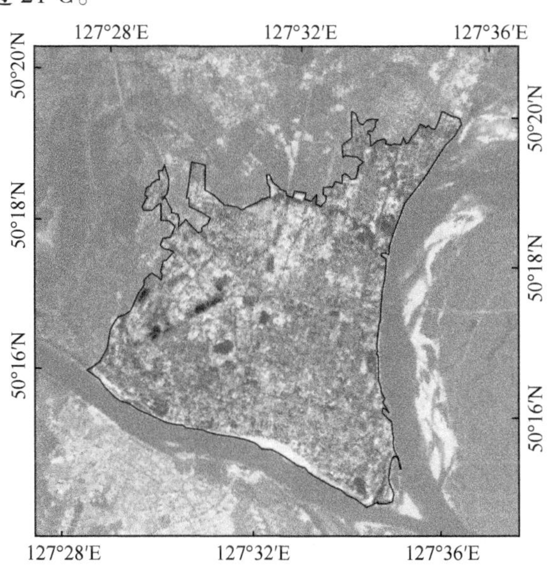

图 3-24　布拉戈维申斯克（海兰泡）Landsat 8 遥感影像

1. 布拉戈维申斯克城市建成区内不透水层集中分布在西部和南部，自然植被覆盖面积较高，水资源丰富

布拉戈维申斯克城市建成区自然植被覆盖面积所占比例最高，城市绿化好，建成区内自然植被面积为 29.08km^2，占总面积的 40.97%；不透水层面积为 26.42km^2，占总面积的 37.22%，在城市的西南部临近黑河市的地区以及西北部地区分布较集中；建成区内的裸地占有一定的比例，面积为 9.63km^2，占总面积的 13.57%，主要分布在不透水层周围及河流沿岸地区，非常具有开发潜力；流经城市的两条河流黑龙江和结雅河在布拉戈维申斯克交汇构成了建成区内的水域，总面积为 5.84km^2，占总面积的 8.23%，为城市提供了充足的水资源（图 3-25、图 3-26）。

2. 城市周边农、林、草资源丰富，城市空间发展条件比较优越

布拉戈维申斯克建成区周边 10km 缓冲区内草地面积最大，为 262.70km^2，占总面积的 37.10%，主要分布在城市东部，天然牧场广阔、畜牧业发达；农田面积居第二位，为 200.39km^2，占总面积的 24.94%，集中连片分布在南部地势平坦且土壤肥沃的黑河市，盛产大豆、小麦和亚麻，是俄罗斯重要的商品粮基地、大豆生产基地和长纤维亚麻生产基地；布拉戈维申斯克西部山地森林广阔、树种繁多，为木材加工业提供了丰富的原材料。黑龙江与结雅河穿城而过，布拉戈维申斯克水域面积为 52.04km^2，水资源丰富（图 3-27、图 3-28）。

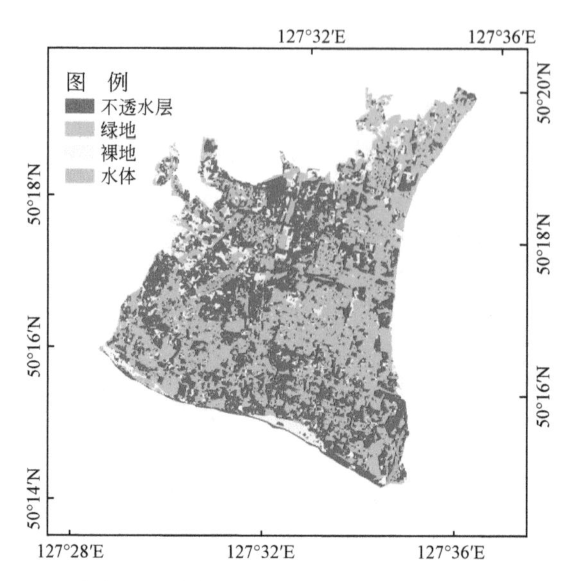

图 3-25 布拉戈维申斯克（海兰泡）建成区内土地覆盖类型

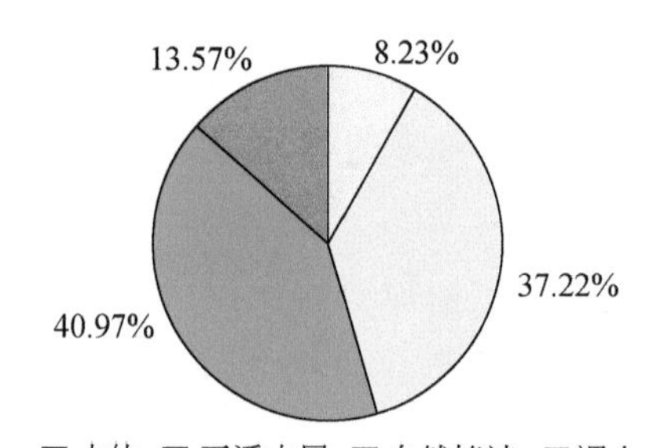

图 3-26 布拉戈维申斯克（海兰泡）建成区内土地覆盖类型面积比例

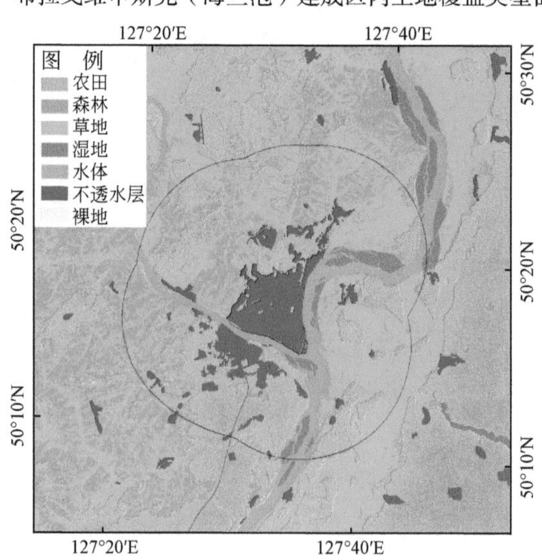

图 3-27 布拉戈维申斯克（海兰泡）10km 缓冲区内土地覆盖类型

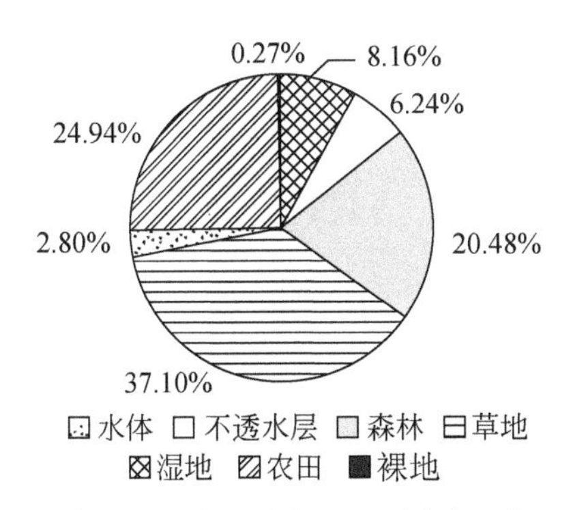

图 3-28 布拉戈维申斯克（海兰泡）10km 缓冲区内土地覆盖类型面积比例

3.4.3 城市发展现状与潜力评估

2000 ~ 2013 年布拉戈维申斯克夜间灯光亮度明显增强，建成区几乎被高亮度灯光值填满，东北方向高亮度值扩展明显，是城市扩展的主要方向。拉戈维申斯克城市周边优质土地资源比较丰富，水资源也非常充足，城市扩展具有很大的发展潜力。

2013 年布拉戈维申斯克夜间灯光亮度较 2000 年增加明显，主要表现在，城市周边灯光指数值在 0 ~ 20 的区域面积扩大，灯光指数值为 20 ~ 40 和 40 ~ 60 的区域由建成区向外扩张，东北方增加明显，建成区几乎被高亮度灯光值填满。由此可见，建成区内建筑密度和人口密度继续增加，同时城市外围地区也得到快速的发展。从布拉戈维申斯克城市内部及其周边的灯光指数年变化斜率图可以看出，建成区内部灯光指数年变化斜率为 0 ~ 0.5，表明夜间灯光指数值继续增大，夜间灯光亮度增加。缓冲区内灯光指数年变化斜率由内向外逐渐减小，建成区边缘地区斜率最大，是城市扩展最

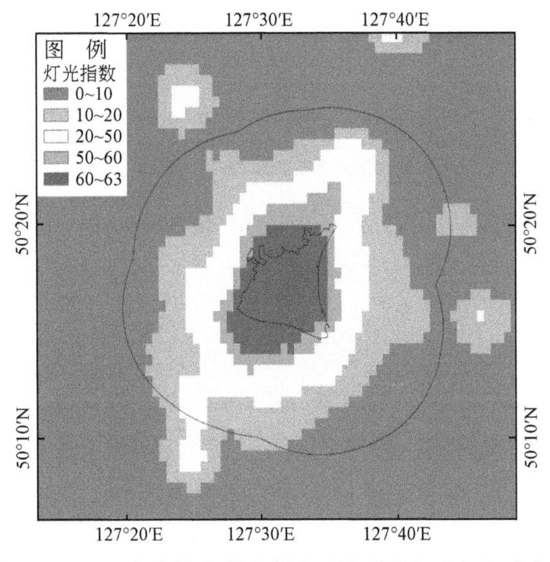

图 3-29 2013 年布拉戈维申斯克（海兰泡）夜间灯光指数

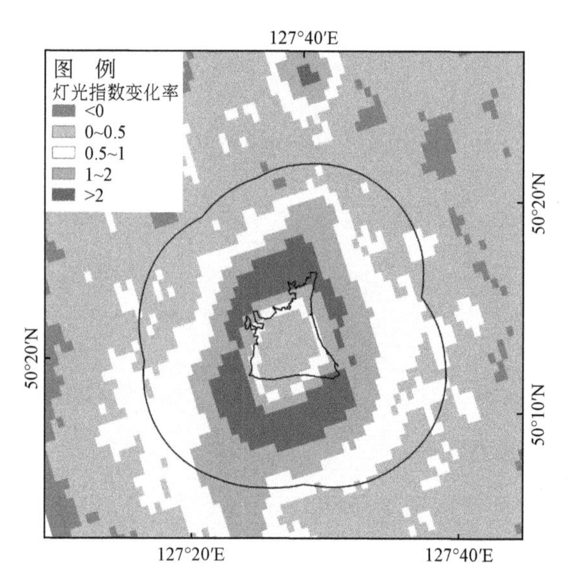

图 3-30　2000 ~ 2013 年布拉戈维申斯克（海兰泡）夜间灯光指数变化率

为明显的地区，另外城市东北方向灯光指数年变化斜率增加比较明显，是城市扩展的主要方向（图 3-29、图 3-30）。

结合布拉戈维申斯克周边自然生态环境和近年来城市发展趋势可以看出布拉戈维申斯克城市周边优质土地资源比较丰富，水资源充足，具有很大的发展潜力。城市东北部地区结雅河沿岸，拥有广阔的森林、草地和耕地，开发潜力大，是城市未来发展的方向。

3.5　哈巴罗夫斯克（伯力）

3.5.1　概况

哈巴罗夫斯克（伯力）是俄罗斯远东区的第二大城市，是位于黑龙江、乌苏里江汇合口东岸的中等城市。哈巴罗夫斯克市是远东最大的铁路、航空交通枢纽和最大的河港，通过西伯利亚铁路把东北亚和欧洲联系起来，为亚太与欧洲等国家广泛开展各种经贸活动，实现资源互补，创造了优越条件。

哈巴罗夫斯克是俄罗斯哈巴罗夫斯克边疆区的首府，位于黑龙江、乌苏里江交汇口东岸，东邻鄂霍次克海、日本海、隔鞑靼海峡与萨哈林岛相望。是俄罗斯远东地区仅次于符拉迪沃斯托克的第二大城市，人口约 80 万，面积 156.84km^2，当地人口的文化素质被认为普遍较高，政治和社会环境比较稳定。哈巴罗夫斯克的水、电、气、交通、通信等城市基础设施建设比较完善，市区内高楼大厦不多，普遍都是充满浓郁俄罗斯风情的俄式建筑。

哈巴罗夫斯克市是俄罗斯远东地区最重要的工业区和经济中心之一，并设有一批高等院校，以机械制造、造船、石油加工、木材加工、建材等部门为主，食品等轻工业也很发达。哈巴罗夫斯克市盛产小麦、燕麦、大麦和大豆，农业发展较好，养畜业和养兽业发达。哈巴罗夫斯克的商品物价水平相当于哈尔滨市平均水平的三倍，商品的平均利润率也高达300%以上。哈巴罗夫斯克市是远东最大的铁路、航空交通枢纽和最大的河港，还是数条公路干线的交会点，与中国交通便利，水路可直达松花江上游，铁路连接绥芬河、满洲里两个中国最大陆路口岸，公路与黑龙江省所有陆路口岸相通，航空直达沈阳、哈尔滨等城市。哈巴罗夫斯克是中国商品进入俄罗斯的重要集散地，四通八达的交通网络为货物的快速运达提供了便利条件。

哈巴罗夫斯克有丰富的自然资源，煤、铁、锡、金等矿藏，其凭借地理优势和丰富的自然资源，在“一带一路”中扮演着重要角色。哈巴罗夫斯克是俄罗斯在中国外东北地区最高行政机关和边疆区首府所在地，同时也是中国、日本、韩国等国领事馆和代办处所在地，政治、经济、文化中心和交通枢纽。航空、铁路、公路、水路运输把哈巴罗夫斯克与中国的主要口岸城市连接起来，同时又通过西伯利亚铁路把东北亚欧洲联系起来，为亚太与欧洲等国家广泛开展各种经贸活动，实现资源互补，创造了优越条件。

3.5.2　典型生态环境特征

哈巴罗夫斯克位于乌苏里江与黑龙江汇合处东岸，属温带季风气候。1月平均气温 −40 ~ −16℃，7月 14 ~ 21℃。年降水量 500 ~ 900mm。是俄罗斯远东地区最大的绿化城市之一，城市山环水绕，自然环境优美。

1. 城市建成区不透水层集中于城市中部，自然植被成片分布在城市南北两端

从建成区土地覆盖类型图中可以看出，哈巴罗夫斯克城市呈条带状南北蜿蜒，建成区自然植被覆盖面积所占比例较高，自然植被面积为59.48km^2，占总面积的比例为45.19%，在城市南北两端分布较多；建成区内不透水层面积为67.77km^2，占总面积的51.49%，集中分布在城市中部偏北，沿河流向南北延伸；少量的裸地零星分布在建成区内，面积分别仅为4km^2（图3-31 ~ 图3-33）。

2. 城市周边自然环境优越、农、林、草和水体资源众多，城市发展潜力巨大

哈巴罗夫斯克边疆区是距我国较近的俄罗斯林业中心，是俄罗斯远东的木材出口基地，也是我国的木材供应地。当地木材储量占俄罗斯全国储量的6%，占远东储量的1/4。森林覆盖面积为5250万hm^2，成熟林和过熟林蓄积量为31.4万m^3，核算采伐量每年为2680万m^3（永庆，2003）。

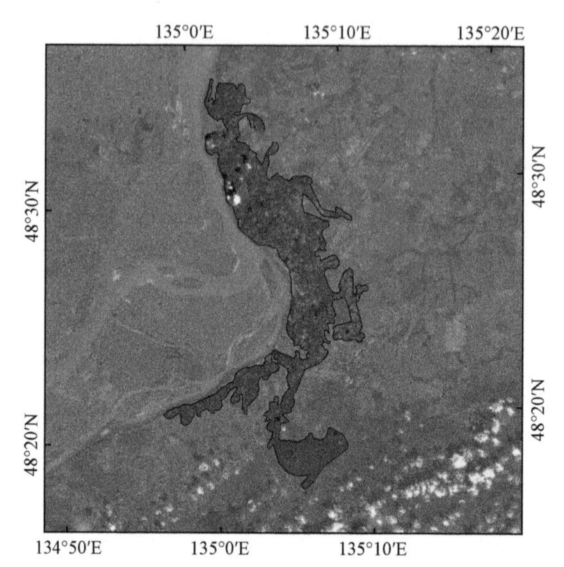

图 3-31　哈巴罗夫斯克（伯力）Landsat 8 遥感影像

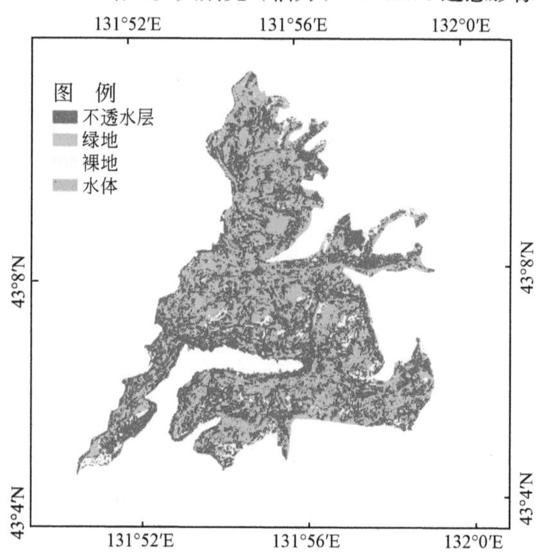

图 3-32　哈巴罗夫斯克（伯力）建成区内土地覆盖类型

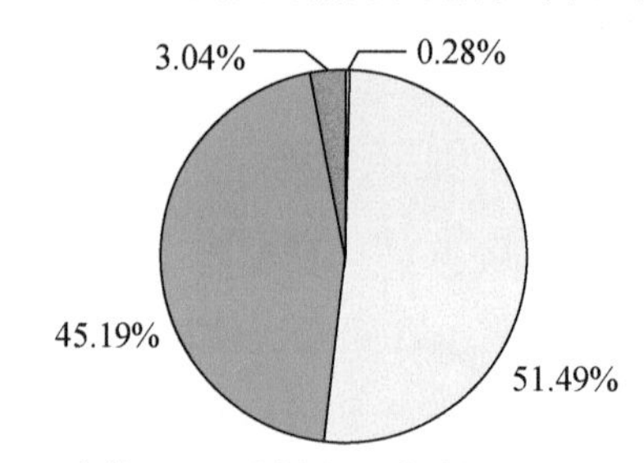

图 3-33　哈巴罗夫斯克（伯力）建成区内土地覆盖类型面积比例

哈巴罗夫斯克建成区周边 10km 缓冲区内耕地面积最大，集中分布在建成区东侧，面积为 333.96km^2，占总面积的比例为 26.21%；森林面积 298.74km^2，占总面积的比例为 23.44%，主要分布在城市的东南侧，森林树种比较丰富，针叶林较多，林业发达，为当地主导产业；阿穆尔河西岸为大片的湿地和水域，为珍稀物种提供了栖息场所，此外，河滩地区还蕴藏着丰富的矿产资源；缓冲区内草地资源也较丰富，主要分布在阿穆尔河西岸的湿地周围；缓冲区内城市不透水地表面积小，还有很大的开发空间（图 3-34、图 3-35）。

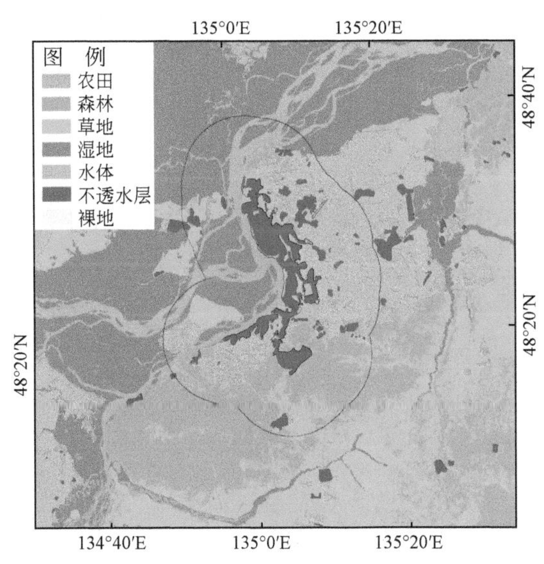

图 3-34　哈巴罗夫斯克（伯力）10km 缓冲区内土地覆盖类型

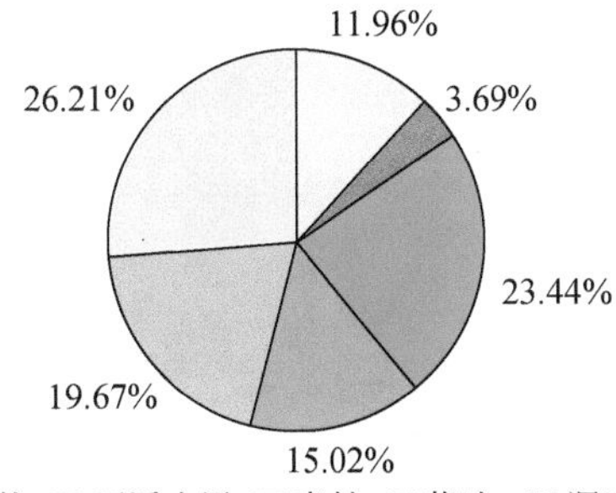

图 3-35　哈巴罗夫斯克（伯力）10km 缓冲区内土地覆盖类型面积比例

3.5.3　城市发展现状与潜力评估

2000 ~ 2013 年哈巴罗夫斯克夜间灯光亮度有所增强，尤其是城市东北部高亮度区略有扩张，而较高亮度区扩张显著，城市有明显向东北扩张的趋势。哈巴罗夫斯克周边土地、水、森林、矿产、生物资源种类繁多，尤其是城市的东北方向，地势较为平坦，产业基础好，近年来发展较为迅速，是城市未来发展的主要方向。

从2000年和2013年夜间灯光指数对比可以看出，哈巴罗夫斯克夜间灯光高亮度区范围扩大，建成区内高亮度区域扩张不明显，而城市东北部高亮度区略有所扩张，而较高亮度区扩张显著，由此可见，城市有明显向东北方向扩张的趋势。从哈巴罗夫斯克城市内部及其周边的灯光指数年变化斜率图可以看出建成区内部绝大部分斜率为0 ~ 0.5，灯光亮度值增加速度较小而缓冲区的东北部灯光指数年变化斜率较大，灯光指数增加显著，建成区西侧和南侧的大片地区灯光指数年变化斜率小，灯光指数增加较慢（图3-36、图3-37）。

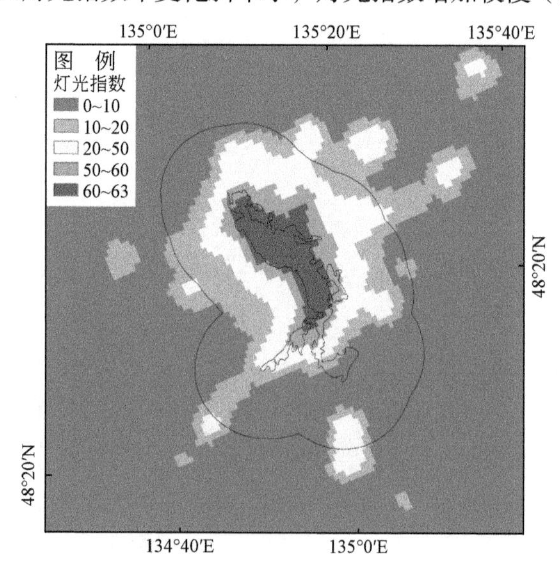

图3-36　2013年哈巴罗夫斯克（伯力）夜间灯光指数

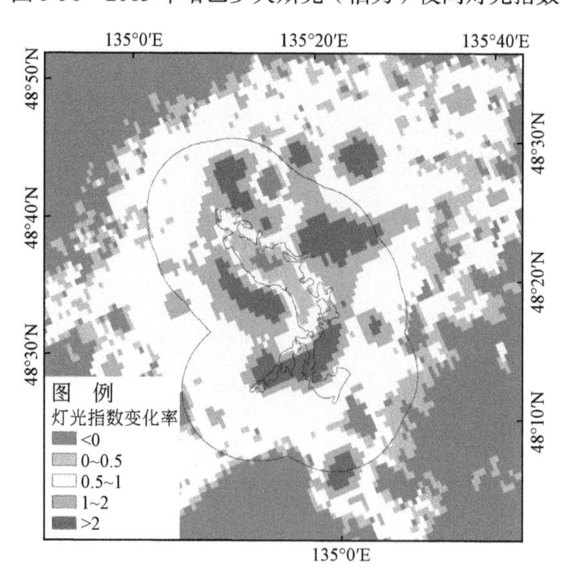

图3-37　哈巴罗夫斯克（伯力）2000 ~ 2013年夜间灯光指数变化率

结合哈巴罗夫斯克周边自然生态环境和近年来城市发展趋势可以看出哈巴罗夫斯克周边城市建设用地面积比例较小，尚未完全开发，仍具有很大的发展潜力。城市周围自然资源十分丰富，土地、水、森林、矿产、生物资源种类繁多，尤其是城市的东北部，地势较为平坦，产业基础好，近年来发展较为迅速，是城市未来发展的主要方向。

3.6 符拉迪沃斯托克（海参崴）

3.6.1 概况

符拉迪沃斯托克（海参崴）是太平洋沿岸的世界名城和重要港口，是俄罗斯远东地区的最大城市，位于俄中朝三国交界之处，三面临海，拥有优良的天然港湾，是俄罗斯在远东的“心脏”。符拉迪沃斯托克是西伯利亚大铁路的终点，中蒙俄经济走廊东北通道最东端的港口城市，向西到俄罗斯赤塔进入亚欧大陆桥，也是北冰洋航线的终点，在“一带一路”建设中起着举足轻重的作用。

俄罗斯滨海边疆区很多良港是中国黑龙江、吉林两省货物外运的重要通道，其中符拉迪沃斯托克港是其中主要大港。西伯利亚大铁路是连接太平洋沿岸国家和欧洲交通的重要桥梁，是世界著名的国际贸易水陆联运干线。作为西伯利亚大铁路的东部终端，符拉迪沃斯托克担负着重要的交通枢纽作用。符拉迪沃斯托克有多条往来于东北亚各国及独联体等国的国际航线，除此之外，珲春的公路、铁路口岸与俄罗斯口岸相通，形成境内面向日本海纵横畅通的立体路网格局（郭天宝和吕途，2016）。建立符拉迪沃斯托克自由港这一决策是俄罗斯开启全新经济模式的重大实践，也对图们江区域合作开发产生了深远的影响。

符拉迪沃斯托克北部为高地，东、南、西分别濒乌苏里湾、大彼得湾和阿穆尔湾，面积 700km^2，人口约 100 万。符拉迪沃斯托克港口拥有良好的设备和大型仓库，主要货运是向俄罗斯太平洋沿岸、北冰洋东部沿岸，以及萨哈林岛和千岛群岛运输石油及煤炭、粮食、日用品、建材和机械设备，并运回鱼及鱼产品、金属、矿石等。外贸货物中，出口多为煤炭、木材、建材、矿石、化肥和鱼产品等，进口则以机器设备、谷物和日用品等为主。符拉迪沃斯托克也是重要的渔业港口，在日本海水域，在对马暖流前缘和西部利曼寒流前缘，以及沿岸河口附近，富有浮游生物，水产资源丰富，盛产沙丁鱼、鳍鱼、墨鱼和鲱鱼等。符拉迪沃斯托克是俄罗斯远东区的海洋渔业基地，拥有拖网渔船队，冷藏运输、鱼产品加工船队及捕鲸船队，渔获量居俄罗斯远东区各渔港首位。符拉迪沃斯托克也是俄罗斯滨海边疆区和远东地区重要的工业中心。这里的工业同海运及海洋渔业有密切关系，主要是修船、造船、渔产品加工机械制造、鱼类加工和木材加工等。

符拉迪沃斯托克也是一个风景秀丽的疗养胜地，已成为仅次于黑海、波罗的海沿岸的第三旅游疗养胜地。利用山丘地形、临海的位置和大片森林的特点，经过总体规划设计，符拉迪沃斯托克这个滨海山城被装扮得秀丽多姿，别具一格，环境幽美，令人心旷神怡。这里有良好的海滨浴场，每逢夏季，来自远东各地、西伯利亚、欧洲部分乃至外国的游客、疗养者成千上万。符拉迪沃斯托克有12所高校、11所中学，也是远东区主要文教科研中心。

符拉迪沃斯托克及其周边地区被认为是俄罗斯在远东的“心脏”，在“一带一路”建设中起着举足轻重的作用。符拉迪沃斯托克是西伯利亚大铁路的终点，中蒙俄经济走廊东北通道最东端的港口城市，向西到俄罗斯赤塔进入亚欧大陆桥，也是北冰洋航线的终点。符拉迪沃斯托克航空运输可通往俄罗斯主要城市，海陆空运输都很发达，是连接欧亚文明的纽带。

3.6.2 典型生态环境特征

符拉迪沃斯托克位于阿穆尔半岛顶端的金角湾沿岸，海岸呈锯齿状，地表结构复杂，地势高差分明，参差不齐。气候类型为典型的温带大陆性湿润气候，夏季受极地海洋气团或热带海洋气团影响，盛行东南风，凉爽舒适，雨量适中。冬季受来自高纬度极地偏北风和海洋东南风的共同影响，寒冷湿润，降雪较多。秋季是符拉迪沃斯托克最好的季节，天气晴朗，阳光充足，持续时间较长，时有台风。因为濒临日本海，冬、夏气温较同纬度的内陆地区变幅较小，日温差很小，全年平均高温8.38°C，平均低温1.38°C，平均降水量797mm，具有明显的温带季风气候特征。

1. 符拉迪沃斯托克城市依山而建，建成区内绿化覆盖率高，自然植被覆盖面积占44%以上

从建成区土地覆盖类型看，符拉迪沃斯托克不透水层面积为28.44km^2，占总面积的46.59%，城市不透水层分布分散，不透水层沿较低的坡地展开，并向高处山丘扩展；城市内绿化覆盖率高，自然植被面积为27.11km^2，占总面积的44.41%；裸地主要分布在沿海地区，可以合理开发利用；符拉迪沃斯托克城市内部水域面积少，仅占总面积的0.75%，淡水资源比较匮乏（图3-38 ~图3-40）。

2. 符拉迪沃斯托克城市周边海域广阔，海洋资源极其丰富

符拉迪沃斯托克建成区周边10km缓冲区内绝大部分为海洋，面积为528.46km^2，占总面积的70.78%，一方面海洋资源丰富，为沿海工业提供丰富多样的原材料，另一方面使得城市东西发展空间有限。建成区北侧和南侧的俄罗斯岛分布着大面积的森林和草地，分别占总面积的22.13%和5.68%，森林在区内成片分布，草地沿海岸线和建成区边界线分布。缓冲区内淡水资源缺乏，只有少量的水域和湿地（图3-41、图3-42）。

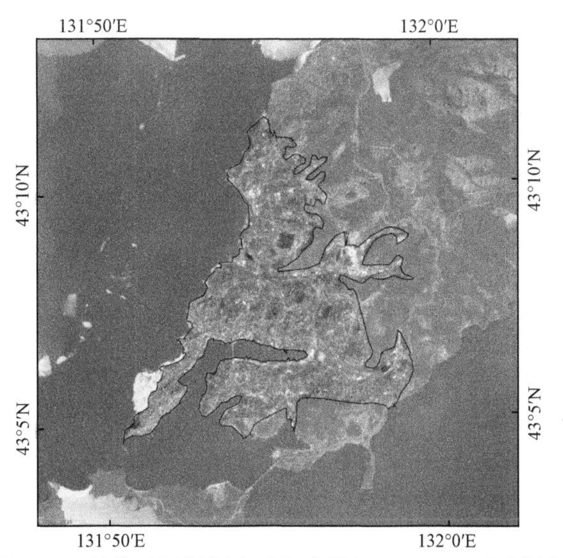

图 3-38　符拉迪沃斯托克（海参崴）Landsat 8 遥感影像

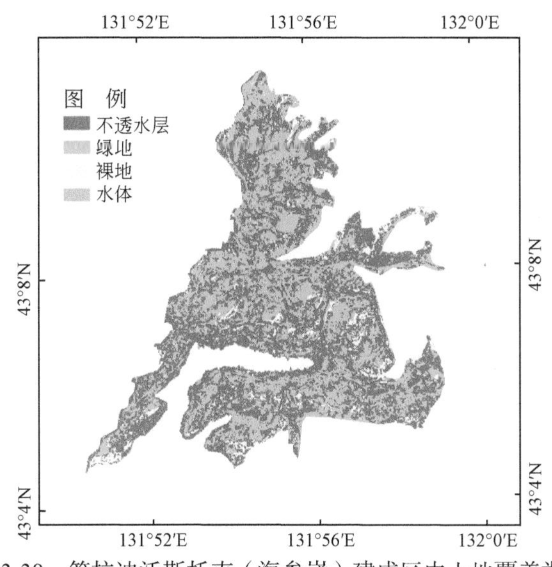

图 3-39　符拉迪沃斯托克（海参崴）建成区内土地覆盖类型

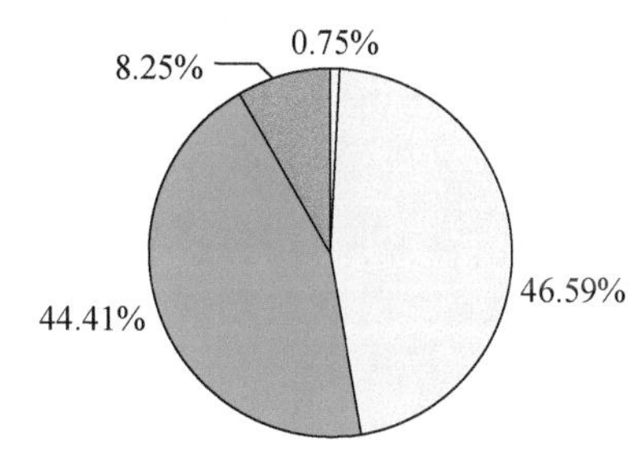

图 3-40　符拉迪沃斯托克（海参崴）建成区内土地覆盖类型面积比例

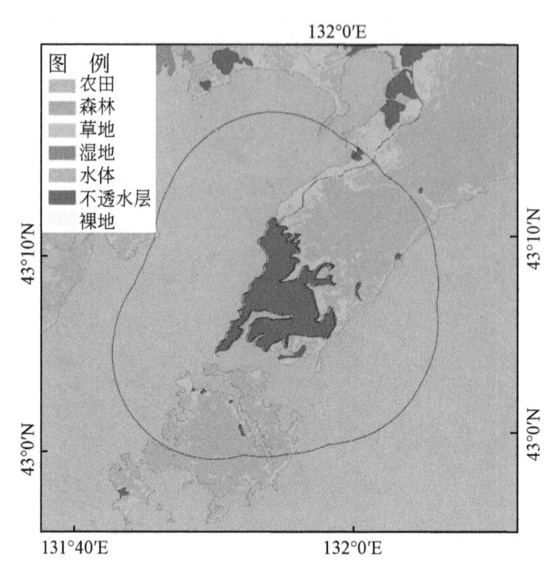

图 3-41 符拉迪沃斯托克（海参崴）10km 缓冲区内土地覆盖类型

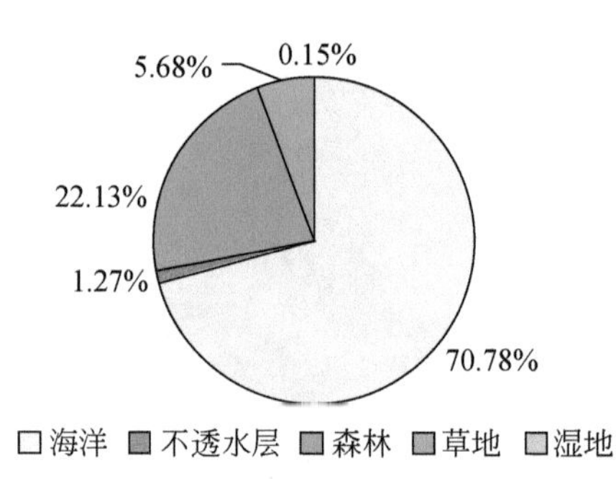

图 3-42 符拉迪沃斯托克（海参崴）10km 缓冲区内土地覆盖类型面积比例

3.6.3 城市发展现状与潜力评估

2000 年以来符拉迪沃斯托克夜间灯光亮度明显增强，建成区高亮度灯光值几近饱和，城市周边 10km 缓冲区内较高亮度区域范围扩大。符拉迪沃斯托克夜间灯光亮度增强主要发生在南北 2 个方向，其中东北方向城市灯光指数年变化斜率最高，是 2000 ~ 2013 年城市空间扩展的主要方向，也是未来城市空间扩展的潜在区域。

符拉迪沃斯托克 2013 年夜间灯光亮度较 2000 年有明显增强，主要表现在建成区大于 60 的高亮灯光值几近饱和，城市周边 10km 缓冲区内较高亮度区域范围扩大。灯光指数为 40 ~ 60 的区域面积扩张比较明显，向南北发展，在紧邻建成区的外围形成南北延伸的条带状，由此可见城市主要的扩展方向是南北两侧；灯光指数大于 60 的区域面积略有增加，扩张范围小，主要发生在建成区内部，主要是由于海洋对城市向外扩张的制约。从符拉迪沃斯托克城市内部及其周边的灯光指数年变化斜率图可以看出，灯光指数年变化斜率大于 0.4 的区域主要向东北方向扩展，可见受海洋的约束，2000 年以来符拉迪沃斯托克城市空间扩展主要发生在东北方向（图 3-43、图 3-44）。

结合周边自然生态环境和近年来城市发展趋势可以看出，在陆地上，符拉迪沃斯托克东北方向发展空间较大，该方向主要分布森林和草地资源丰富，这一地区木材加工业和皮毛加工业前景广阔。此外，符拉迪沃斯托克东西部海域广阔，拥有丰富的渔业资源，为港口发展和沿岸工业发展提供有力的支撑，但需要处理好城市空间扩展与海洋生态环境之间的关系。

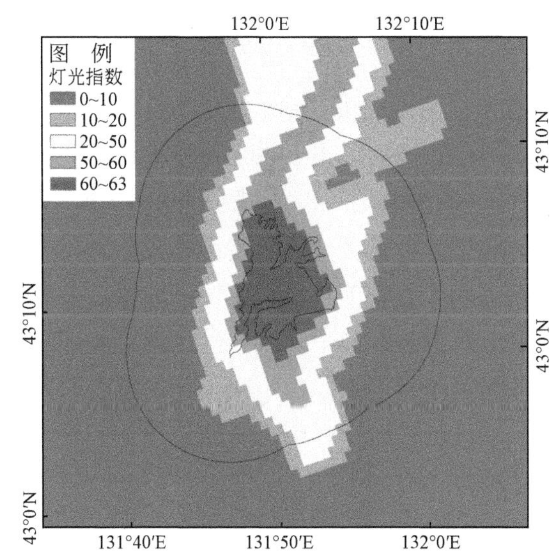

图 3-43　2013 年符拉迪沃斯托克（海参崴）夜间灯光指数

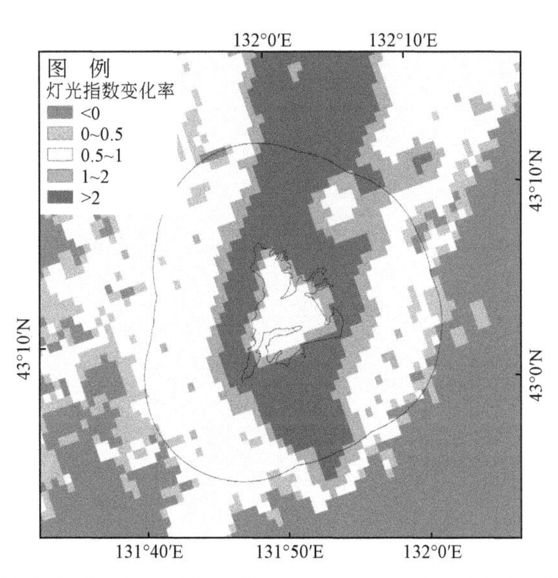

图 3-44　符拉迪沃斯托克（海参崴）2000 ~ 2013 年夜间灯光指数变化率

3.7 小　　结

莫斯科、符拉迪沃斯托克、布拉戈维申斯克、哈巴罗夫斯克、伊尔库茨克、乌兰巴托是"中蒙俄经济走廊"建设中的重要节点城市，优越的地理位置和丰富的自然资源使这些城市在"一带一路"建设发挥着不可替代的作用。俄罗斯的城市自然资源富集，拥有石油、天然气、煤炭、木材等自然资源，不仅是全球重要的能源战略市场，同时也是具有巨大战略价值的过境运输枢纽。蒙古的乌兰巴托资源丰富而且具有天然的地理优势，地处世界上最大的自然资源拥有国与资本投资国之间，成为中俄贸易通道的不可替代的桥梁。从城市夜间灯光指数变化可以看出，伴随着城市化进程，所有节点城市的建成区内部高亮度灯光值几近饱和，城市周边 10km 缓冲区内较高亮度灯光值范围蔓延。俄罗斯的城市，包括莫斯科、伊尔库茨克、布拉戈维申斯克、哈巴罗夫斯克和符拉迪沃斯托克城市周边生态资源丰富， 城市空间扩展具有较大的发展潜力。而蒙古乌兰巴托城市周边自然环境恶劣，优质土地资源匮乏，地表水资源有限，城市发展的限制性因素较多。这些重要节点城市的发展对于"中蒙俄经济走廊"的建设，尤其是中俄蒙三国之间的贸易往来有着重大影响，城市的繁荣有利于实现中国丝绸之路经济带与俄罗斯跨欧亚发展带对接，与蒙古国草原之路对接，进而推动中国东北振兴战略与俄罗斯远东开发战略和蒙古国矿业立国战略对接，吸引日本、韩国、美国等其他国家投资者参与，从而形成更广泛的国际合作和开拓更大的发展空间。

第4章　典型经济合作走廊和交通运输通道分析

4.1　廊道概况

“中蒙俄经济走廊”作为中国“一带一路”倡议、蒙古“草原之路”和俄罗斯“跨亚欧通道”战略对接和落实的载体，为三方充分利用各自优势和经济结构的互补性，打造跨区域经济合作范例，推进落实三国共同利益诉求和发展意愿提供了重要平台。“中蒙俄经济走廊”作为“一带一路”倡议的起点，包括三条重要的通道：一是从京津冀经二连浩特到蒙古国和俄罗斯；二是从符拉迪沃斯托克、绥芬河、哈尔滨经满洲里到俄罗斯的赤塔，与欧亚大陆桥相接；三是从符拉迪沃斯托克到布拉戈维申斯克，沿欧亚大陆桥向西延伸。其中第三条通道也称第一欧亚大陆桥。

第一欧亚大陆桥是中俄蒙经济走廊的重要组成部分，是东北亚最重要的经济合作走廊和交通运输通道。是中国构建“一带一路”，实现中俄蒙互联互通、友好往来伙伴关系的重要基础。第一欧亚大陆桥贯通亚洲北部，以俄罗斯东部的符拉迪沃斯托克为起点，经过中国黑龙江省，通过世界上最长铁路——西伯利亚大铁路（全长9332km），通向欧洲各国最后到达荷兰的鹿特丹港。整个大陆桥共经过俄罗斯、哈萨克斯坦、白俄罗斯、波兰、德国、荷兰6个国家，全长13000km。

第一欧亚大陆桥俄罗斯段主要经过的节点城市有：符拉迪沃斯托克、哈巴罗夫斯克、布拉戈维申斯克、赤塔、乌兰乌德、伊尔库茨克、新西伯利亚、叶卡捷琳堡和莫斯科等。其中，符拉迪沃斯托克是俄罗斯东部地区经济贸易中心及远东第一港、世界知名旅游城市。哈巴罗夫斯克是俄罗斯第四大城市、俄罗斯远东联邦管区的第一大城市，也是俄罗斯东部重要的航空、水路和铁路重镇。布拉戈维申斯克是远东大型工业、行政和文化的中心，在阿穆尔河与结雅河交汇外建有阿穆尔州最大的港口，河运事业发达。乌兰乌德、伊尔库茨克是毗邻世界知名淡水湖——贝加尔湖的两座城市，其中乌兰乌德市是东西伯利亚第三大城市，且临近西伯利亚铁路与蒙古乌兰巴托至中国北京铁路的交界处。新西伯利亚是俄罗斯第三大人口城市、西伯利亚联邦区的中心城市，位于西伯利亚大铁路和鄂毕河的交汇处。叶卡捷琳堡是俄罗斯第三大经济、第五大人口城市，乌拉尔联邦区首府，地处欧洲和亚洲的交界处。莫斯科是俄罗斯政治、经济、文化中心，也是俄罗斯最大的综合性交通枢纽。

本节只针对“中蒙俄经济走廊”俄罗斯段，以各走廊交通主干线（含规划中铁路）100km 缓冲区为对象，分析走廊沿线生态环境典型特征、主要生态环境限制因素，以及对廊道建设的潜在影响等方面开展监测和分析。

4.2 生态环境特征

4.2.1 地形

第一欧亚大陆桥俄罗斯段地势东高西低(图 4-1)，整体以 90°E 为界，以西以平原为主，主要有西西伯利亚平原和东欧平原，并有伏尔加河、鄂毕河和叶尼塞河穿过，海拔较低，整体在 200 米以下。但在叶卡捷琳堡西侧有乌拉尔山脉经过，海拔较高。90°E 以东，地势较高，主要地形为中西伯利亚高原、萨彦岭和东西伯利亚山地。而在布拉戈维申斯克以东，特别是在符拉迪沃斯托克和哈巴罗夫斯克附近，由于阿穆尔河（黑龙江）经过，海拔较低，在 200m 以下。从整体看，第一欧亚大陆桥俄罗斯段海拔在 200m 以下区域所占的面积最大，约占整个廊道面积的一半。海拔在 1000m 以上的面积约占整个廊道面积的 1/10。

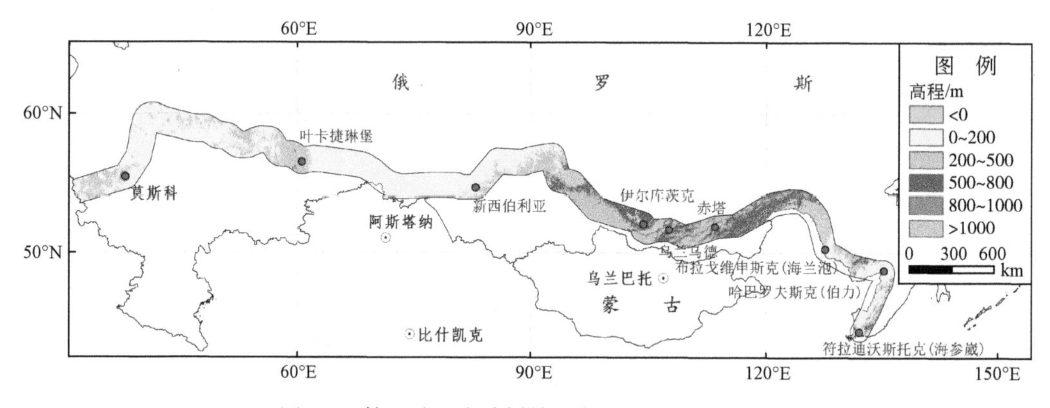

图 4-1 第一欧亚大陆桥俄罗斯段海拔空间分布

4.2.2 降水与蒸散

第一欧亚大陆桥俄罗斯段的降水空间差异显著（图 4-2），降水量较少的区域（少于 300mm）主要分布在赤塔附近；降水量较多（大于 600mm）的区域主要分布在叶卡捷琳堡附近、新西伯利亚和伊尔库茨克之间，以及东部沿海的哈巴罗夫斯克和符拉迪沃斯托克附近。

第一欧亚大陆桥俄罗斯段 2014 年平均蒸散量为 664.61mm，且呈现出显著的空间差异（图 4-3）。伊尔库茨克附近蒸散量较小（< 500mm），蒸散量较大（> 700mm）的区域主要在廊道的两端，即莫斯科和符拉迪沃斯托克附近。

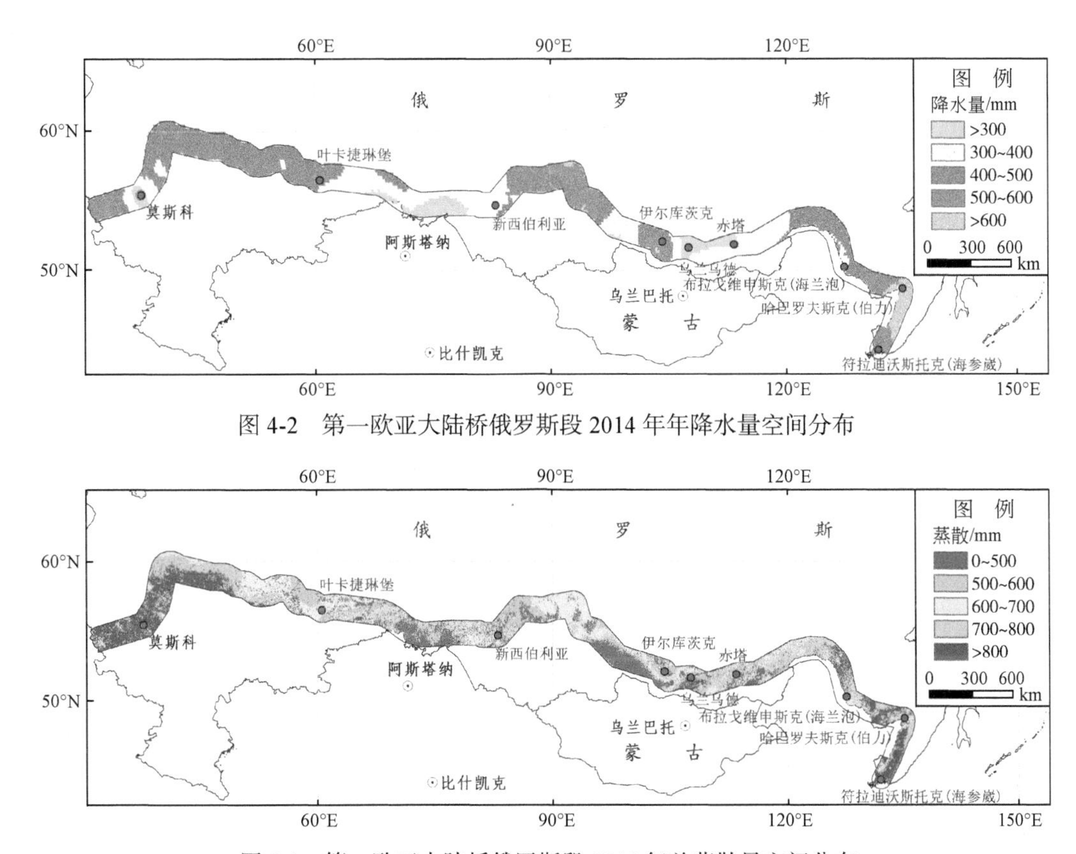

图 4-2 第一欧亚大陆桥俄罗斯段 2014 年年降水量空间分布

图 4-3 第一欧亚大陆桥俄罗斯段 2014 年总蒸散量空间分布

4.2.3 土地覆盖

第一欧亚大陆桥俄罗斯段缓冲区范围内主要土地利用覆被类型有农田、森林、草地、灌丛、水体、不透水层、裸地和冰雪（图 4-4），以森林、农田和草地为主，其中，森林的分布最为广阔，面积约为 84 万 km^2，占廊道缓冲区范围总面积的 52%，由东到西均

图 4-4 第一欧亚大陆桥俄罗斯段土地覆盖类型空间分布

有分布。其次是农田和草地，面积分别为 38 万 km^2 和 33 万 km^2，分别占廊道缓冲区范围总面积的 24% 和 20%。农田主要分布在地势较低的平原地带，而草地除了在平原分布外，在海拔较高的山地也有分布。森林、农田和草地的面积约占廊道缓冲区范围总面积的 96% 以上，其他土地利用类型所占面积比例不到 4%。冰雪和裸地的面积比例几乎为 0%（图 4-5）。

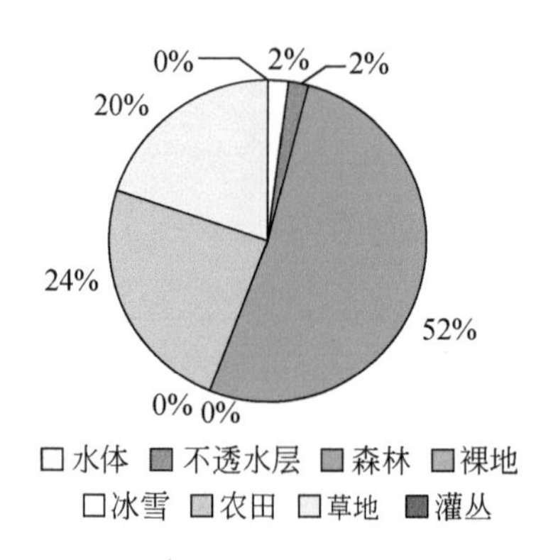

图 4-5　第一欧亚大陆桥俄罗斯段土地覆盖类型面积比例

4.2.4　土地利用程度

第一欧亚大陆桥俄罗斯段土地开发利用程度东西差异明显（图 4-6）。新西伯利亚以西的区段土地开发利用程度较高，主要包括垦殖性开发和建设性开发，尤其是莫斯科和叶卡捷琳堡周边人口比较集聚、城镇开发程度较高，大部分土地已开发为城镇居住地和农田，土地利用程度大多在 0.5 以上。新西伯利亚以东的区段土地利用程度相对较低，除了符拉迪沃斯托克、哈巴罗夫斯克、布拉戈维申斯克、赤塔、乌兰乌德、伊尔库茨克等城市周边土地利用程度较高外，其他大部分区域分布森林和草地，这些区域大多受高原山地地形等自然要素限制，土地开发利用程度大多在 0.4 以下。

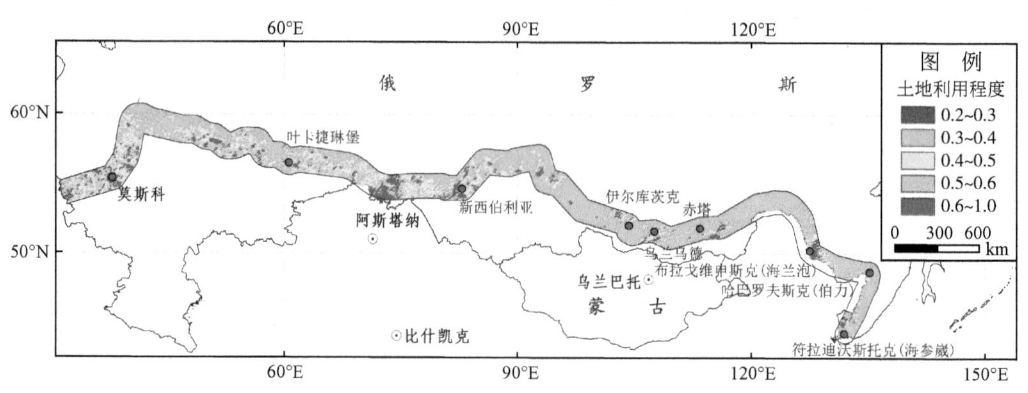

图 4-6　第一欧亚大陆桥俄罗斯段土地开发利用程度分布

4.2.5　农田与农作物

第一欧亚大陆桥俄罗斯段农田主要分布在中东部的东欧平原和西西伯利亚平原地区，农作物熟制均为一年一熟。以莫斯科为中心的黑土区、顿河流域、伏尔加河沿岸和外高加索地区是俄罗斯的主要农业区。中央黑土区还是甜菜、水果、葡萄的主要产区。西西伯利亚、中央黑土区和北高加索是牛奶和蛋类生产区。蔬菜产地主要集中在俄南部地区，以及一些大城市、工业中心的城郊地区。

4.2.6　森林

（1）森林是第一欧亚大陆桥俄罗斯段的主要土地覆盖类型，森林植被 LAI 整体较低，小于 4.5 的区域占了廊道缓冲区总面积的一半以上。

第一欧亚大陆桥俄罗斯段森林分布最为广泛，森林面积为 84 万 km^2，占廊道缓冲区总面积的 52.34%，由东至西均有分布（图 4-7）。其中，森林 LAI 较高（> 5）的区域面积较小，约占廊道缓冲区内森林总面积的 1/5，主要分布在东部的符拉迪沃斯托克和哈巴罗夫斯克之间，以及西部莫斯科与叶卡捷琳堡之间。而森林 LAI 较低（< 4.5）的区域占了廊道缓冲区总面积的一半以上，主要分布在中部平原和中东部，从新西伯利亚到布拉戈维申斯克之间的高原山地地区。

（2）第一欧亚大陆桥俄罗斯段森林 NPP 空间分布差异明显，叶卡捷琳堡以西的区段，以及伊尔库茨克与乌兰乌德附近森林 NPP 较高，而布拉戈维申斯克以东的区段森林 NPP 最低。

第一欧亚大陆桥俄罗斯段 2014 年森林 NPP 空间差异明显，其中叶卡捷琳堡以西的区段，以及伊尔库茨克与乌兰乌德附近森林 NPP 较高，大多在 250gC/m^2 以上。而森林 NPP 在 150gC/m^2 以下的区域主要分布在布拉戈维申斯克以东的区段（图 4-8）。

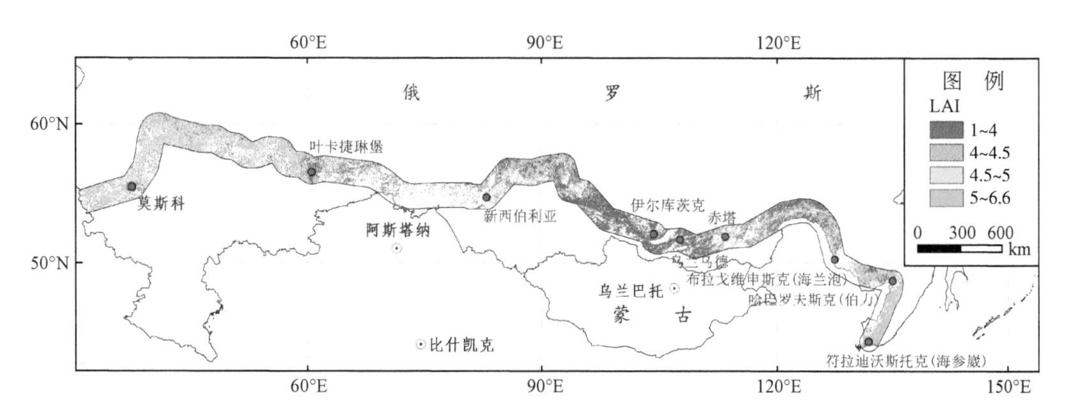

图 4-7　第一欧亚大陆桥俄罗斯段 2013 年森林年 LAI 最大值空间分布

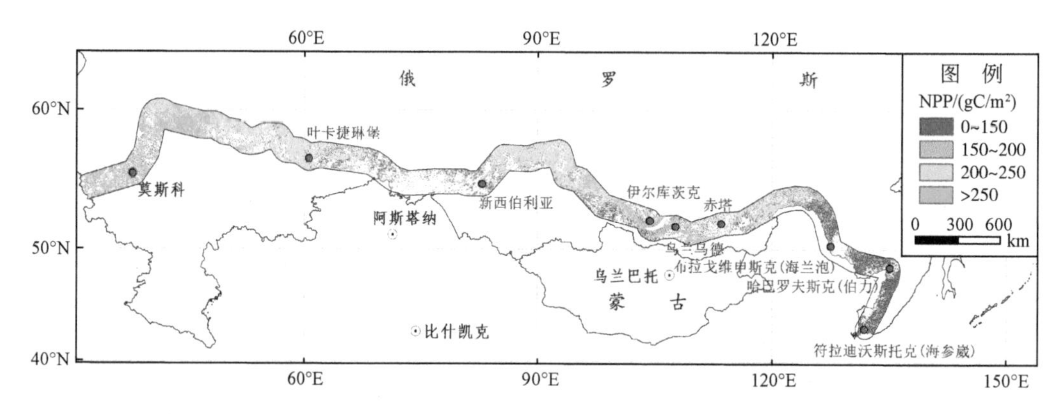

图 4-8 第一欧亚大陆桥俄罗斯段 2014 年森林 NPP 空间分布

（3）第一欧亚大陆桥俄罗斯段森林地上生物量空间差异明显，叶卡捷琳堡附近、符拉迪沃斯托克与哈巴罗夫斯克之间森林地上生物量较高，而新西伯利亚和巴拉戈维申斯克之间较低。

第一欧亚大陆桥俄罗斯段 2014 年森林地上生物量空间分异明显（图 4-9）。森林地上生物量最大值出现在叶卡捷琳堡附近、符拉迪沃斯托克与哈巴罗夫斯克之间，超过 110t/hm^2；森林地上生物量最小值出现在新西伯利亚与伊尔库茨克之间，以及巴拉戈维申斯克与赤塔之间，最小值低于 80t/hm^2。

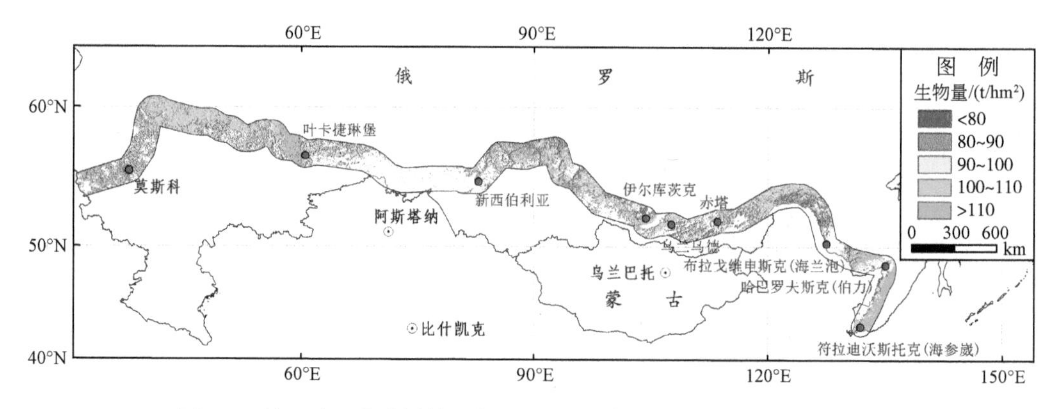

图 4-9 第一欧亚大陆桥俄罗斯段 2014 年森林地上生物量空间分布

4.2.7 草地

第一欧亚大陆桥俄罗斯段草地分布面积仅次于森林和农田，居第三，草地 FVC、LAI 和 NPP 的空间分布差异显著，其中叶卡捷琳堡和新西伯利亚之间，以及赤塔以东的地区草地长势相对较好。

第一欧亚大陆桥俄罗斯段草地面积为 33 万 km^2，草地分布面积仅次于森林和农田，居第三位，主要集中分布在叶卡捷琳堡和新西伯利亚之间，以及东部高原山地地区。其中，叶卡捷琳堡和新西伯利亚之间，以及赤塔以东的草地植被覆盖度相对较高，整体在 50% 以上。而在伊尔库茨克西部附近的草地植被覆盖度相对较低，整体在 50% 以下（图 4-10）。

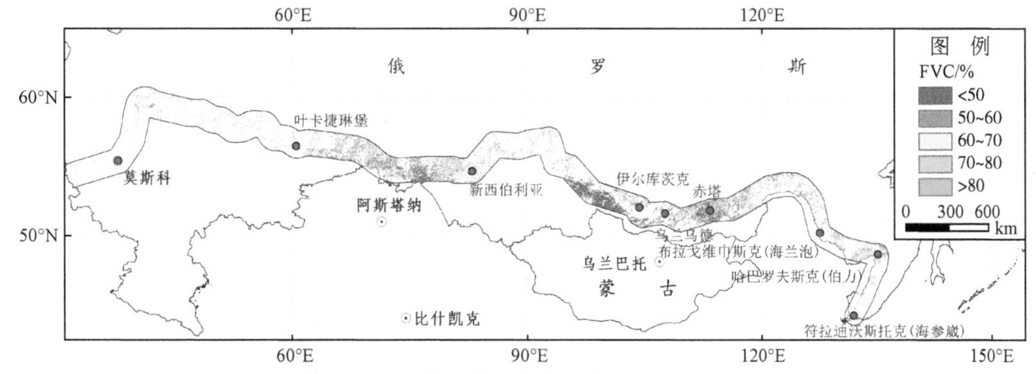

图 4-10　第一欧亚大陆桥俄罗斯段 2014 年草地 FVC 空间分布

从廊道缓冲区范围内 2013 年草地 LAI 最大值空间分布图（图 4-11）看，草地 LAI 较低的区域（< 40%）的区域占了整个草地分布面积的一半以上，其中叶卡捷琳堡与新西伯利亚之间，伊尔库茨克西侧及赤塔附近，草地分布比较集中。而草地 LAI 较高的区域（> 40%）的区域分布面积较小，而且分布也比较分散。

第一欧亚大陆桥俄罗斯段 2014 年草地 NPP 空间分布差异明显，伊尔库茨克及哈巴罗夫斯克附近草地 NPP 较低，小于 75 gC/m^2。而赤塔附近草地 NPP 较高，超过 200gC/m^2（图 4-12）。

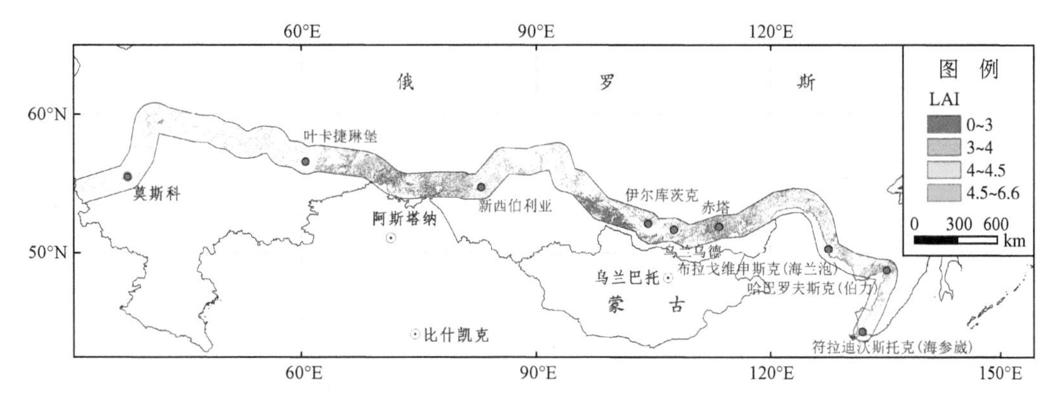

图 4-11　第一欧亚大陆桥俄罗斯段 2013 年草地 LAI 空间分布

4.2.8　城市建设与发展状况

2000 ~ 2013 年第一欧亚大陆桥俄罗斯段东西部城市建设与发展状况差异显著，由西向东，城市夜间灯光亮度值及年变化率越来越小，可见廊道西部城市规模和城市化水

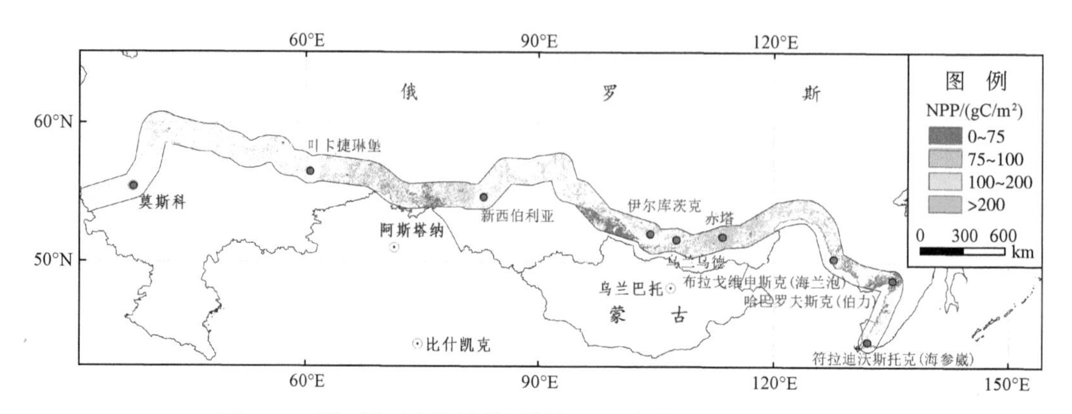

图 4-12 第一欧亚大陆桥俄罗斯段 2014 年草地 NPP 空间分布

平都明显高于廊道东部，西部的莫斯科、叶卡捷琳堡附近城市夜间灯光亮度值及年变化率都最高，2000 年以来的城市化水平最高，未来的发展潜力也比较大。

由 2013 年第一欧亚大陆桥俄罗斯段的灯光指数空间分布图（图 4-13）可以发现，廊道沿线东西部城市建设与发展状况差异较大，由西向东，城市夜间灯光亮度值越来越小，西部地区的夜间灯光亮度明显比东部地区高且分布密集。夜间灯光亮度最亮的地区集中分布在莫斯科、叶卡捷琳堡、新西伯利亚、伊尔库茨克、乌兰乌德、赤塔、哈巴罗夫斯克以及符拉迪沃斯托克等城市节点处。这些城市都是俄罗斯的重要城市，人口相对密集，城市规模和城市化水平都相对较高，工业化水平也相对较发达。而莫斯科和叶卡捷琳堡附近的夜间灯光高亮度分布范围比其他城市节点的面积都大。这也与莫斯科和叶卡捷琳堡的较高的城市化规模相关。而且西部地区平原分布广泛，人口相对稠密，城市空间规模相对较高，从而使夜间灯光高亮度区的范围大于其他地区。东部地区主要是山地高原，城市人口分布较少，经济也相对落后，夜间灯光亮度较低而且空间分布规模也有限。由第一欧亚大陆桥俄罗斯段 2000 ~ 2013 年灯光指数年变化率空间分布（图 4-14）可以明

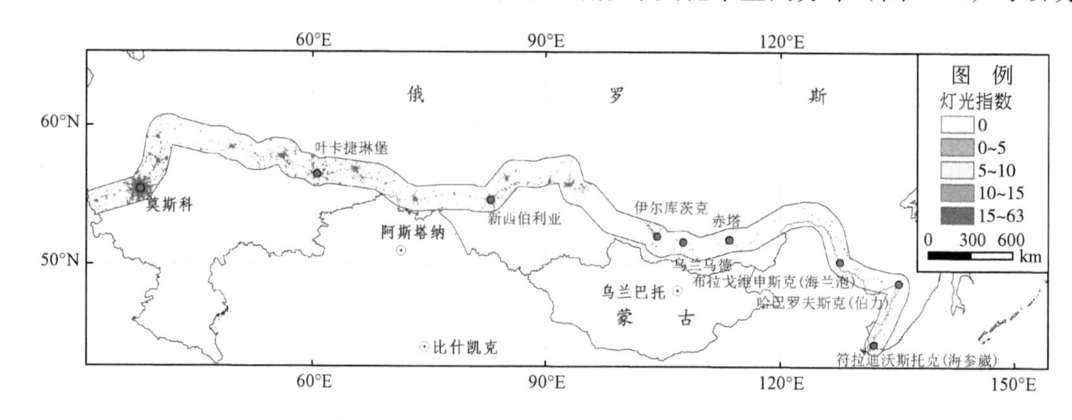

图 4-13 第一欧亚大陆桥俄罗斯段 2013 年灯光指数空间分布

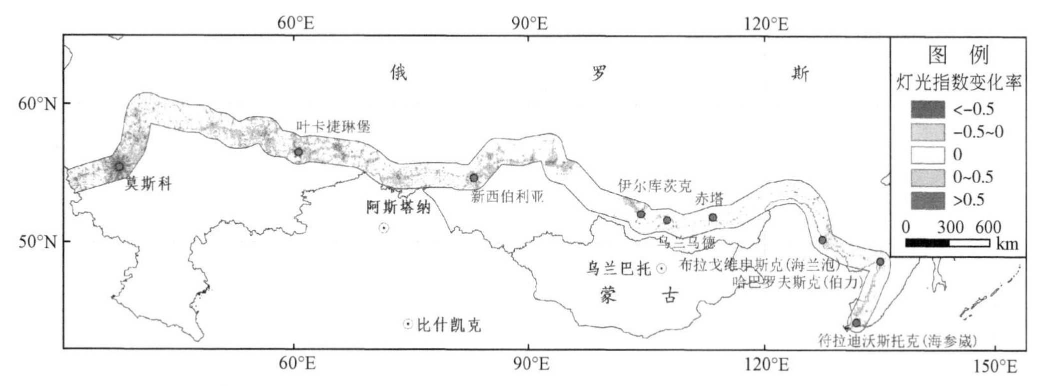

图 4-14　第一欧亚大陆桥俄罗斯段 2000 ~ 2013 年灯光指数年变化率空间分布

显发现，西部地区的城市灯光指数年变化率明显比东部地区大。这也在整体上说明西部地区的城市化速率要高于比东部地区。

4.3　主要生态环境限制

4.3.1　地形 / 温度

第一欧亚大陆桥俄罗斯段 90°E 以东的地区多山地高原，地势崎岖，坡度相对较大，险峻的地形地貌是“一带一路”基础设施建设的重要限制因子。此外，第一欧亚大陆桥俄罗斯段纬度较高，气候寒冷，冬季严寒漫长。严峻的气候条件也是“一带一路”基础设施建设的重大挑战。

第一欧亚大陆桥俄罗斯段沿线范围内的坡度分布情况与地形分布情况相一致，基本以 90°E 为界，西部地区平原广阔，地势平坦，坡度较低，整体上坡度在 1° 之下；东部地区多山地高原，地势崎岖，坡度相对较大，整体在 4° 左右（图 4-15）。东部地区险峻的地形地貌是“一带一路”基础设施建设的重要限制因子。

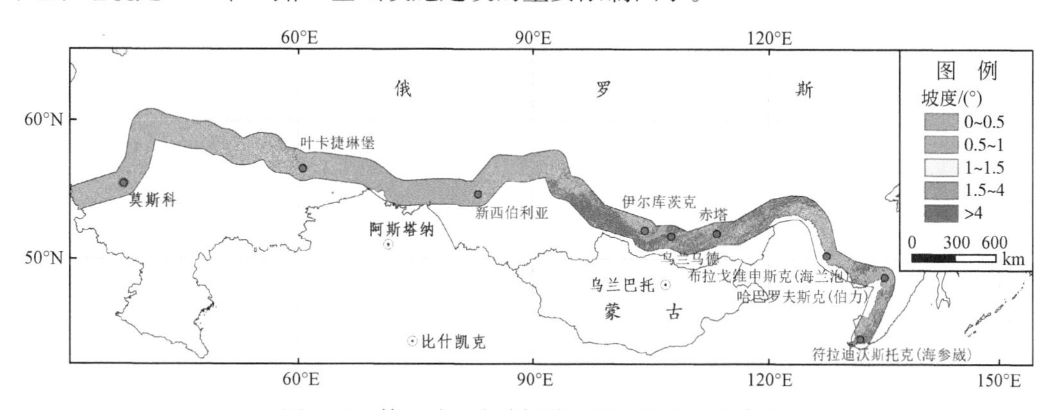

图 4-15　第一欧亚大陆桥俄罗斯段地形坡度分布

第一欧亚大陆桥俄罗斯段处于北温带，从西到东大陆性气候逐渐加强，由于纬度较高，气候寒冷，冬季严寒漫长。严峻的气候环境条件也是“一带一路”基础设施建设的重大挑战。从廊道范围内 2014 年平均气温分布图（图 4-16）看，气温从西往东明显逐渐降低，并在最东部的沿海地区气温又有所增高。在东欧平原地区，城镇化水平较高，人口密度大，气温最高，整体在 2℃以上。在西西伯利亚平原地区，气温稍低，温度为 0 ~ 2℃。在中西伯利亚高原与东西伯利亚山地之间，气温最低，在 0℃以下。在东部沿海区域，温度在 1℃以上。

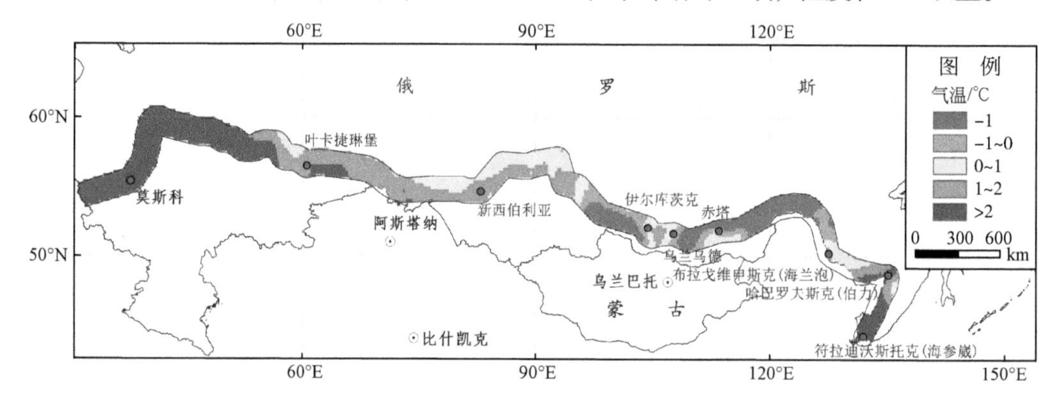

图 4-16 第一欧亚大陆桥俄罗斯段 2014 年气温分布

4.3.2 自然保护区

第一欧亚大陆桥俄罗斯段沿线穿越诸多保护区，主要有 4 个国家级自然保护区（陆地和海洋景观保护区）、7 个国际重要湿地区和贝加尔湖世界遗产自然保护区（图 4-17）。除了离哈萨克斯坦较近的国际重要湿地保护区外，大部分自然保护区和国际重要湿地保护区都分布在东部地区。奇丽的贝加尔湖自然保护区拥有世界上最深的湖泊。贝加尔湖是世界上最大的淡水资源宝库。有超过 300 种动物和 80 种植物生长在保护区的针叶林和落叶林中，其中 25 个物种被列入《濒危物种红皮书》。在廊道沿线开展“一带一路”基础设施建设时，兼顾资源开发利用和生态环境的保护是需要解决的重大课题。

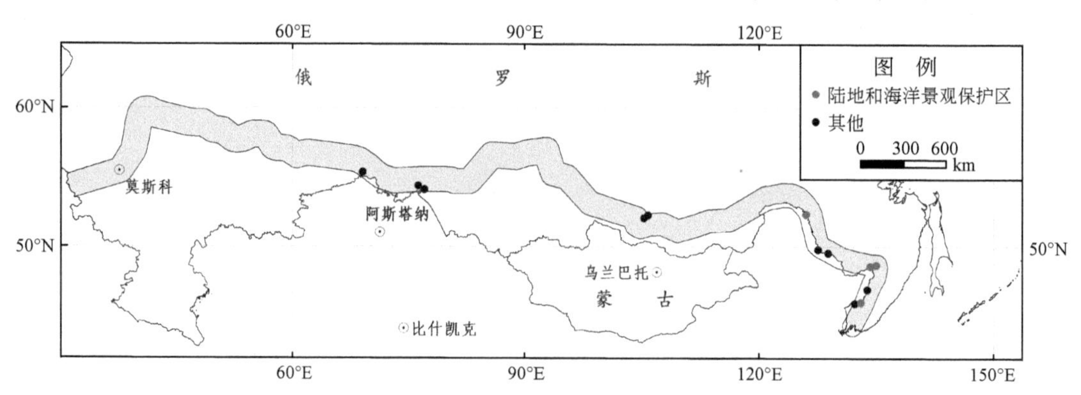

图 4-17 第一欧亚大陆桥俄罗斯段 2014 年自然保护区分布

4.4　廊道建设的潜在影响

总的来讲，第一欧亚大陆桥俄罗斯段跨越了西西伯利亚平原、东欧平原、乌拉尔山脉、中西伯利亚高原、萨彦岭和东西伯利亚山地，廊道的建设对中国、蒙古和俄罗斯经济社会的繁荣具有巨大的促进作用，但对该地区脆弱的生态系统具有潜在的威胁。廊道的建设以莫斯科、新西伯利亚、符拉迪沃斯托克等沿线中心城市为依托，以亚欧高速铁路为载体，通过切实保障欧亚大陆东西方向上人流、物流、资金流和信息流的高效持续流转，可以大力促进该地区内部资源共享、取长补短、合理分工、积极合作，有助于实现互惠互利、共同繁荣的区域经济发展目标。廊道新西伯利亚以西的区段土地开发利用程度较高，尤其是城镇化程度较高且具有丰富劳动力市场的莫斯科和叶卡捷琳堡，廊道的建设不仅有利于通过增加就业、吸引投资、引进技术、产业结构调整与升级等方式实现经济可持续繁荣，还有利于交通等基础设施建设的完善与拓展，从而推进该地区城镇化进程。廊道的建设在充分促进中国、蒙古和俄罗斯经济繁荣发展的同时也为廊道沿线地区生态安全的保障提供了可靠的财力支撑。

此外，廊道 90°E 以东地区多山地高原，地势崎岖，坡度较大，并且廊道地处高纬度地区，气候严寒，冬季漫长，生态环境较为脆弱，植被生长状况易受外界干扰。廊道的建设可能会对这些生态脆弱区的生态平衡造成威胁，因此在建设过程中需要加强生态脆弱区的隔离与保护。此外，廊道建设还涉及包括风景瑰丽的贝加尔湖保护区在内的若干自然保护区，在廊道沿线开展基础设施建设时，必须要兼顾资源的保护与开发利用。

4.5　小　　结

第一欧亚大陆桥俄罗斯段作为东北亚最重要的经济合作走廊和交通运输通道，沿线人类开发活动的空间差异对周边自然生态环境将造成不同的潜在影响。廊道地势西低东高。西部主要为东欧平原和西西伯利亚平原，人口较多，经济较发达，土地开发利用强度较高。东部主要为高原山地，人口较少，经济相对较落后，分布着广大的森林和草地，土地开发利用程度较低。

第一欧亚大陆桥俄罗斯段生态环境整体比较优越，缓冲区范围内以森林、农田和草地为主，三者的分布面积占了廊道缓冲区范围总面积的 96% 以上。森林、农田和草地的长势空间差异明显，农田主要分布在中东部的东欧平原和西西伯利亚平原地区，农作物熟制均为一年一熟，农田潜在生物量较高的地区主要分布在叶卡捷琳堡与新西伯利亚之间的西西伯利亚平原地区；森林是廊道沿线最主要土地覆盖类型，森林植被叶面积指数整体较低，森林植被 LAI 小于 4.5 的区域占了廊道缓冲区总面积的一半以上。草地分布面积仅次于森林和农田，居第 3，草地 FVC、LAI 和 NPP 的空间分布差异显著，其中叶卡捷琳堡和新西伯利亚之间，以及赤塔以东的地区草地长势相对较好。

第一欧亚大陆桥作为中蒙俄经济走廊的重要组成部分，便于开展海陆联运，缩短运输里程，拉动相关产业和经济的发展，提高人们的生活水平，并加强我国同俄蒙国家之间物质和信息的交流，创造有利于各国经济建设的和平的周边环境，对于实现中蒙俄互联互通、友好往来伙伴关系具有重要意义。但是廊道沿线基础设施的建设会对当地的生态环境造成较大的影响，建设过程中应加强对生态、自然的保护，尽量避开自然保护区。

参考文献

阿萨林 A E. 2008. 俄罗斯的水资源及其利用 . 水利水电快报，15(5): 1-4.

安可玛 . 2013. 蒙古国矿产资源开发利用与中蒙矿产资源合作研究 . 吉林 : 吉林大学硕士学位论文 .

敖仁其 . 2004. 制度变迁与游牧文明 . 呼和浩特 : 内蒙古人民出版社 .

巴特尔 . 2004. 蒙古国宏观经济运行特征及发展趋势 . 东北亚论坛，13(5) : 24-27.

毕吉雅 . 2015. 基于因子分析的乌兰巴托市城市化发展水平评价研究 . 呼和浩特 : 内蒙古大学硕士学位论文 .

程武学，潘开志，杨存建 . 2010. 叶面积指数 (LAI) 测定方法研究进展 . 四川林业科技，03:51-54+78.

道日吉帕拉木 . 1996. 集约化草原畜牧业 . 北京 : 中国农业科技出版社 .

丁荟语 . 2009. 建立黑河市 - 布拉戈维申斯克市跨江经济合作区的几点思考 . 经济合作，14(2): 36-38.

范丽君，李超 . 2016. 俄蒙关系对“中蒙俄经济走廊”建设的影响 . 东北亚学刊，02: 15-21.

方秀琴，张万昌 . 2003. 叶面积指数 (LAI) 的遥感定量方法综述 . 国土资源遥感，03: 58-62.

冯险峰，孙庆龄，林斌 . 2014. 区域及全球尺度的 NPP 过程模型和 NPP 对全球变化的响应 . 生态环境学报，03: 496-503.

傅小城，王芳，王浩，等 . 2011. 柴达木盆地气温降水的长序列变化及与水资源关系 . 资源科学，33(3): 408-415.

高际香 . 2014. 俄罗斯城市化与城市发展 . 俄罗斯东欧中亚研究，34(1): 38-45.

郭天宝，吕途 . 2016. 符拉迪沃斯托克自由港的开放对中俄经贸关系的影响 . 当代经济，23(1): 4-5.

韩媛媛 . 2014. 人车城——经济转型后人口与汽车快速增长下的北京与莫斯科城市形态比较 . 北京 : 北京交通大学硕士学位论文 .

何红艳，郭志华，肖文发 . 2007. 遥感在森林地上生物量估算中的应用 . 生态学杂志，08: 1317-1322.

胡娈运，Chen Y L，徐玥，赵圆圆，俞乐，王杰，宫鹏 . 2014. 基于快速聚类方法的 30m 分辨率中国土地覆盖遥感制图 . 中国科学 : 地球科学，08: 1621-1633.

华倩 . 2015. “一带一路”与蒙古国“草原之路”的战略对接研究 . 7(6): 51-65.

黄森旺，李晓松，吴炳方，等 . 2012. 近 25 年三北防护林工程区土地退化及驱动力分析 . 地理学报，67(5): 589-598.

黄夏，李荣全，云丽丽，王微，高明，柴旭光 . 2013. 森林植被净初级生产力遥感估算研究进展 . 辽宁林业科技，3: 43-46.

嵇涛，刘睿，杨华，何太蓉，吴建峰 . 2015. 多源遥感数据的降水空间降尺度研究——以川渝地区为例 . 地球信息科学学报，01: 108-117.

贾忠祥，王建明，张桂兰 . 2004. 与蒙古国合作开发矿产资源的条件分析与政策建议 . 西部资源，(2): 36-39.

江洪，王钦敏，汪小钦 . 2006. 福建省长汀县植被覆盖度遥感动态监测研究 . 自然资源学报，21(1): 126-132.

李锋 . 2016. “一带一路”战略最新进展与展望 . 国际经济分析与展望 (2015 ~ 2016)，414-424.

李加洪，施建成，等. 2016. 全球生态环境遥感监测 2015 年度报告. 北京：科学出版社.
李剑泉，李智勇，陆文明. 2007. 俄罗斯森林资源与木材生产分析. 世界林业研究，20(5): 48-52.
李景刚，何春阳，史培军，等. 2007. 基于DMSP /OLS灯光数据的快速城市化过程的生态效应评价研究——以环渤海城市群地区为例. 遥感学报，11(1): 115-126.
李琨，王四海. 2013. 俄罗斯伊尔库茨克州油气资源潜力及开发战略探析. 西伯利亚研究，40(4): 24-30.
李罗莎. 2016. 中蒙俄经济走廊展望. 国际经济分析与展望 (2015 ~ 2016)，435-455.
李莎，刘卫东. 2014. 俄罗斯人口分布及其空间格局演化. 经济地理，34(2): 42-49.
李勇慧. 2015. 中俄蒙经济走廊的战略内涵和推进思路. 东北亚学刊，4: 10-13.
林琳. 2010. 区域生态环境与经济协调发展研究. 学术论坛，33(2): 72-76.
林文鹏，王臣立，赵敏，黄敬峰，施润和，柳云龙，高峻. 2008. 基于森林清查和遥感的城市森林净初级生产力估算. 生态环境，02: 766-770.
刘芳，李贵宝，王圣瑞，付华. 2015. 蒙古湖泊水环境保护及管理. 中国环境管理干部学院学报，25(6): 44-47.
刘纪远. 1992. 西藏土地利用. 北京 : 科学出版社.
刘纪远. 1996. 中国资源环境遥感宏观调查与动态研究. 北京 : 中国科学技术出版社.
刘洋，刘荣高，陈镜明，程晓，郑光. 2013. 叶面积指数遥感反演研究进展与展望. 地球信息科学学报，05: 734-743.
刘志娟，杨晓光，王文峰，等. 2009. 气候变化背景下我国东北三省农业气候资源变化特征. 应用生态学报，20(9): 2199-2206.
马晓波. 1995. 50 年来蒙古国与北半球的气温变化. 高原气象，14(3): 348-358.
娜仁. 2008. 蒙古国草原畜牧业发展问题研究. 呼和浩特 : 内蒙古大学硕士学位论文.
牛宝茹，刘俊蓉，王政伟. 2005. 干旱半干旱地区植被覆盖度遥感信息提取研究. 武汉大学学报 (信息科学版)，30 (1): 27-30.
阮晓东. 2015. 共建“中蒙俄经济走廊”. 新经济导刊，09: 57-62.
邵波，陈兴鹏. 2005. 中国西北地区经济与生态环境协调发展现状研究. 干旱区地理，28(1): 136-141.
孙家驹. 2005. 人、自然、社会关系的世纪性思考. 北京大学学报 : 哲学社会科学版，(1): 113-119.
谭方颖，王建林，宋迎波，等. 2009. 华北平原近 45 年农业气候资源变化特征分析. 中国农业气象，30(1): 19-24.
谭一波，赵仲辉. 2008. 叶面积指数的主要测定方法. 林业调查规划，03: 45-48.
汪青春，秦宁生，唐红玉，等. 2007. 青海高原近 44 年来气候变化的事实及其特征. 干旱区研究，24(2): 234-239.
王佃来，刘文萍，黄心渊. 2013. 基于 Sen+Mann-Kendall 的北京植被变化趋势分析. 计算机工程与应用，49(5): 13-17.
王国印. 2006. “经济 - 环境”怪圈对我国经济社会发展的影响——论统筹经济增长与生态环境保护的紧迫性. 生态经济，09: 46-49.
王秀兰，包玉海. 1999. 土地利用动态变化研究方法. 地理科学进展，18(1): 81-87.
魏云洁，甄霖，刘雪林，Ochirbat Batkhishig. 2008. 1992-2005 年蒙古国土地利用变化及其驱动因素. 应用生态学报，09: 1995-2002.
吴昊，李征. 2016. 东北亚地区在“一带一路”战略中的地位——应否从边缘区提升为重点合作区. 东北亚论坛，25(2): 46-57.

吴妍，赵志强，周蕴薇 . 2012. 莫斯科绿地系统规划建设经验研究 . 城市绿地系统，28(5): 54-57.

徐康宁，陈丰龙，刘修岩 . 2015. 中国经济增长的真实性：基于全球夜间灯光数据的检验 . 经济研究，9: 17-29.

徐新良，赵美燕，刘洛，郭腾蛟 . 2015. 近 30 年东北亚南北样带气候变化时空特征分析 . 地理科学，11: 1468-1474.

徐远春，安选，刘文凯，等 . 2002. 试论国家生态环境安全对国民经济和社会可持续发展的影响 . 中国环境科学学会 2002 年学术年会 .

严立冬，谭波，刘加林 . 2009. 生态资本化：生态资源的价值实现 . 中南财经政法大学学报，(2): 3-8.

杨恕，王术森 . 2014. 丝绸之路经济带：战略构想及其挑战 . 兰州大学学报：社会科学版，42(1): 23-30.

杨惜春 . 2007. 气候资源的法律概念及其属性探讨 (A). 气象与环境学报，23(1): 39-44.

杨洋，黄庆旭，章立玲 . 2015. 基于 DMSP/OLS 夜间灯光数据的土地城镇化水平时空测度研究——以环渤海地区为例 . 经济地理，35(2): 141-148.

姚予龙，张新亚 . 2012. 俄罗斯森林资源开发潜力与中俄合作的重点领域 . 资源科学，34(9): 1806-1814.

衣保中，张洁妍 . 2015. 东北亚地区“一带一路”合作共生系统研究 . 东北亚论坛，24(3): 65-74.

永庆 . 2003. 俄罗斯哈巴罗夫斯克卜边疆区的林业和木材加工业 . 欧亚经济，(8): 33-37.

于洪洋，欧德卡，巴殿君 . 2015. 试论“中蒙俄经济走廊”的基础与障碍 . 东北亚论坛，01: 96-106.

于潇 . 2008. 蒙古国经济发展现状评析 . 亚太经济，24(6): 68-71.

余洁，边馥苓，胡炳清 . 2003. 基于 GIS 和 SD 方法的社会经济发展与生态环境响应动态模拟预测研究 . 武汉大学学报 (信息科学版)，01: 18-24.

张翀，李晶，任志远 . 2011. 基于 Hopfield 神经网络的中国近 40 年气候要素时空变化分析 . 地理科学，31(2): 211-217.

张新时 . 2007. 中国植被及其地理格局 . 北京：地质出版社 .

张秀杰 . 2011. 蒙古国的济发展环境 . 俄罗斯中亚东欧市场，16(10): 25-29.

庄大方，刘纪远 . 1997. 中国土地利用程度的区域分异模型研究 . 自然资源学报，02: 10-16.

庄大方，徐新良，姜小三，等 . 2015. 中国北方及其毗邻地区地理环境背景科学考察报告 . 北京：科学出版社 .

卓莉，陈晋，史培军，等 . 2005. 基于夜间灯光数据的中国人口密度模拟 . 地理学报，60(2): 266-276.

Anisimov O，Reneva S. 2006. Permafrost and changing climate: The Russian perspective. Ambio: A Journal of the Human Environment，35(4): 169-175.

Bedritskii A I，Korshunov A A，Shaimardanov M Z. 2009. The bases of data on hazardous hydrometeorological phenomena in Russia and results of statistical analysis. Russian Meteorology and Hydrology，34(11): 703-708.

Elvidge C D，Cinzano P，Pet D R，et al. 2007. The nights at mission concept. International Journal of Remote Sensing，28(12): 2645-2670.

Gruza G V，Ran’kova E Y. 2003. Climate oscillations and changes ove Russia. Izvestiya，Russian Academy of Sciences，Atmospheric and Ocean Physics (English Translation)，39(2):145-162.

Hutchinson M F. 1995. Interpolating mean rainfall using thin plate smoothing splines. International journal of geographical information systems，9(4): 385-403.

Hutchinson M F. 1998a. Interpolation of rainfall data with thin plate smoothing splines. Part I: Two dimensional smoothing of data with short range correlation.Journal of Geographic Information and Decision Analysis，

2(2):139-151.

Hutchinson M F. 1998b. Interpolation of rainfall data with thin plate smoothing splines. PartII: Analysis of topographic dependence. Journal of Geographic Information and Decision Analysis，2(2): 152-167.

Izrael Y A，Gruza G V，Kattsov V M，et al. 2001. Global climate changes. The role of anthropogenic impacts.Russian Meteorology and Hydrology，5:1-12.

Olson D M，Dinerstein E，Wikramanayake E D，Burgess N D. 2001. Terrestrial ecoregions of the world: A new map of life on Earth. BioScience，51: 933-938.

Peel M C，Finlayson B L，McMahon T A. 2007. Updated world map of the Köppen-Geiger climate classification，Hydrol. Earth Syst. Sci，11: 1633-1644.